W0255607

Universitäts-Vorlesungen von Georg Sticker.

Großherzoglich Hessische Ludewigs-Universität zu Gießen.

Sommer 1895	Klinische Diagnostik I. Auscultation, Percussion usw. 2 stdg.
	Laryngoskopische Übungen. 1 stdg.
Winter 1895/6	Klinische Diagnostik II. Diagnostik der Nervenkrankheiten, Untersuchung der Sekrete und Exkrete. 2 stdg.
	Philosophie und Geschichte der Heilkunde. 1 stdg.
Sommer 1896	Klinische Diagnostik I. Allgemeine Diagnostik, Auscultation, Percussion usw. 2 stdg.
	Praktische Übungen am Krankenbett und im Laboratorium. 1 stdg.
	Ausgewählte Kapitel aus der Kinderheilkunde. 1 stdg.
Winter 1896/7	Klinische Diagnostik I. Teil. Auscultation und Percussion. 2 stdg.
	Klinische Diagnostik II. Teil. Diagnostik der Nervenkrankheiten usw. 2 stdg.
	Pathologie und Therapie der Hautkrankheiten. 1 stdg.
Sommer 1897	Geschichte der Heilkunde. 1 stdg.
	Kolloquium und Krankenvorstellungen. 2 stdg.
Winter 1897/8	Pathologie und Therapie der Hautkrankheiten. 1 stdg.
	Über endemische und epidemische Krankheiten. 1 stdg.
Sommer 1898	Klinische Diagnostik. 2 stdg.
	Nervenkrankheiten. 1 stdg.
	Allgemeine Therapie. 1 stdg.
	Kinderheilkunde. 2 stdg.
Winter 1898/9	Klinische Diagnostik. 2 stdg.
	Hautkrankheiten. 2 stdg.
Sommer 1899	Klinische Diagnostik. 2 stdg.
Wint. 1899/1900	Klinische Diagnostik. 2 stdg.
	Hautkrankheiten. 2 stdg.
	Laryngoskopische Übungen. 2 stdg.
Sommer 1900	Klinische Diagnostik. 2 stdg.
	Kolloquium für Praktikanten. 1 stdg.
	Gesundheit und Krankheit. 1 stdg.
Winter 1900/1	Klinische Diagnostik. 2 stdg.
	Hautkrankheiten. 1 stdg.
	Laryngoskopische Übungen. 2 stdg.

(Fortsetzung s. 3. Umschlagseite.)

Prof. Sticker.

HISTORISCHE STUDIEN UND SKIZZEN ZU NATUR- UND HEILWISSENSCHAFT

FESTGABE

GEORG STICKER

ORDENTLICHEM PROFESSOR DER MEDIZINGESCHICHTE
ZU WÜRZBURG

ZUM SIEBZIGSTEN GEBURTSTAGE

DARGEBOTEN

MIT EINEM BILDNIS

BERLIN

VERLAG VON JULIUS SPRINGER

1930

ISBN-13:978-3-642-94113-9   e-ISBN-13:978-3-642-94513-7
DOI: 10.1007/978-3-642-94513-7

BUCHDRUCKEREI OTTO REGEL G.M.B.H., LEIPZIG.

Zur Weihe des kleinen Buches.

Lieber Freund Sticker!

In freudiger Verehrung kommen heute Ihre historisch mitarbeitenden Freunde, jung und alt, zu Ihnen, um Sie recht von Herzen zu beglückwünschen, zu dem Tage, an dem auch Ihnen der Psalmist zum Wahrsprecher wird:

„Unser Leben währet 70 Jahre!"

Möge er auch darin bei Ihnen sich als wahr bewähren, was er weiter von den Achtzigen spricht, — wie es in vollem Maße bei Ihnen zutrifft, was er von Mühe und Arbeit sagt, die aufs Ganze das Siegel der Köstlichkeit drücken: niemals haben sie Ihnen gefehlt.

Noch ist Ihr Geist frisch und Ihr Herz stark, und Sie werden auch in den Siebzig noch rüstig sein und wirken und leisten — solange es Tag ist.

Ehre und Freude Ihnen, den wir alle als unseren Führer auf dem Gebiete der historischen Krankheitsforschung verehren, als den, der ins Reich der klinischen Erforschung der Volksseuchen samt ihrer Geschichte und damit der gesamten Seuchenkunde uns voranging. Sehen wir doch in Ihnen unser weisendes Vorbild in der festen Vereinigung von klinischer und historischer Forschung im weitesten Umfang, den, der die erkannte Vergangenheit der epidemischen Menschheitsplagen zur Lehrerin und Helferin der Gegenwart gemacht hat. Durch Sie ist die Seuchengeschichte nicht allein eine Ergänzung, sondern geradezu ein integrierender Teil aller Seuchenforschung und Seuchenkunde geworden, die Krankheitshistorik zu aktueller Krankheitserkenntnis bewußt und zielsicher umgewandelt!

Erfüllt doch die Geschichte in solcher Weise angewendet und ausgedeutet erst völlig ihre hohe Aufgabe. Das tritt auf dem von Ihnen mit Vorliebe gepflegten Gebiete am überzeugendsten zutage, am eindringlichsten und faßbarsten, gilt aber auch auf allen andern, richtig erfaßt, nicht minder.

Auf diese Art sind Sie zweifellos einer der erfolgreichsten Wegweiser und Wegebahner für das geworden, das heute noch manchen als etwas Neues, sogar als etwas fremdes Neues erscheinen will in der Medizinhistorik, wo es doch vielmehr ein allgemeines Bewußtwerden bedeutet ihrer weiteren Aufgaben und Ziele. Nur in ihrer Methodik und Ethik birgt sie ein Unveränderliches, ist im übrigen, wie alles, der Entwicklung und damit der Wandlung unterworfen.

Ihnen war es immer lebensvoll gegenwärtig dieses Lebendige und neues Leben Wirkende in der Beschäftigung mit der Vergangenheit, aus dem nicht nur Offenbarungen für das Heute emporblühen, die zu unauslösbaren Bestandteilen unserer Kenntnis werden, sondern damit auch zu Erkenntnissen, die in die Zukunft weisen, zu Scheinwerfern auf weite Strecken neuer Forschung und aus der Ferne winkende Zielsetzungen.

So blieb Ihnen auch nicht versagt die geistige Biegsamkeit, die aus dem eigenen wissenschaftlichen Forschungserlebnis zu lernen vermag und *um*zulernen, wo neu Erschautes fruchtbar sich erweist und zum Ausgangspunkte wird für neue Richtungen der Forschung, zum Hineinwachsen in neue Erkenntnisse, ohne allzu scharfe Abkehr von dem scheinbar Überlebten, dem doch einmal wieder ein Auferstehungstag leuchten mag, unbestimmt wann? — —

Das geheimnisvolle „Stirb und Werde" war Ihnen kein Unbekanntes, sondern vertraute Erfahrung. Als heller, klarblickender „Gast" nicht nur sind Sie über morgenfroh belichtete Erde gewandelt mit dem östlichen Sänger und Seher Goethes, sondern heimisch geworden, vollbewußt im Reiche der Wandelbarkeiten, die die Weiterentwicklung verbürgen, in immer frischen Wandlungen ausreifend zu neuer wirkender Klarheit, zu wissenschaftlicher Leibhaftigkeit immer näher dringend im Schimmer der Wahrheit.

Mag die „historische Wahrheit“, wie sie ununterbrochen neue Zweifel gebiert, auch stets nur Phantom bleiben, so ist die Jagd danach doch nicht nur anstachelnd und aufregend, sondern auch wirkungsvoll und nachhaltig anregend in rastlosem edlem Wetteifer ihrer treuesten, allertreuesten Diener, deren Sie einer sein durften! —

Auf ruhevoll befriedete und befriedigte Rückschau also! Und neues Heil Ihnen auf weiteren Lebens- und Forscherwegen!

Ihre Freunde, die auch Opfer für diese Gabe nicht gescheut haben, auch die hilfsbereiten in Ungarn, begleiten mit guten Wünschen Ihren Weg!

In deren Namen

— auch des Dankes an den Verleger nicht vergessend —

zum 18. April 1930

Karl Sudhoff
als Herausgeber.

Inhaltsverzeichnis.

Auslegung des ersten hippokratischen Aphorismus.

Von Richard Koch, Frankfurt a. M.

Ὁ βίος βραχύς, ἡ δὲ τέχνη μακρή, ὁ δὲ καιρὸς ὀξύς, ἡ δὲ πεῖρα σφαλερή, ἡ δὲ κρίσις χαλεπή. Δεῖ δὲ οὐ μόνον ἑωυτὸν παρέχειν τὰ δέοντα ποιεῦντα, ἀλλὰ καὶ τὸν νοσέοντα, καὶ τοὺς παρεόντας, καὶ τὰ ἔξωθεν.   L. IV. p. 458.

Das Leben ist kurz, aber die Kunst ist lang, die rechte Zeit ist nur ein Augenblick, Erfahrung trügt, Entscheidung ist schwer. Man muß nicht nur selbst das Rechte tun, sondern auch der Kranke und die dabei sind, und das, was von außen kommt.

Eine der vielen Eigentümlichkeiten der *Aphorismen des Hippokrates liegt in der scheinbar unerklärlichen Verschiedenheit des Stils des ersten Aphorismus zu dem aller übrigen,* besonders wenn man nur die ersten drei Abschnitte als echt anerkennen will. Alle Aphorismen der ersten drei Abschnitte außer dem ersten des ersten Abschnittes und Vereinzeltem gegen Ende des Buches sind nüchterne Feststellungen medizinischer Tatbestände. Sie sind in der Fachsprache der Medizin geschrieben. Der erste Aphorismus hingegen liest sich wie ein Aphorismus im literarischen Sinne des Wortes, wo er in möglichst knappen Worten trotz der Kürze viele Begriffe und Vorstellungen treffend ausdrücken soll. Sonst kommen ärztliche Aphorismen heute höchstens noch als bewußte Nachahmung ihres großen Vorbildes vor. Anders würden sie gar nicht ernst genommen. Im allgemeinen ließe man sie nur als medizinische Notizen gelten, die sich ein Arzt aufschrieb, um sie später in zusammenhängender Darstellung zu benutzen oder die er sich beim Lesen solcher Darstellungen ausschrieb, um sie dem Gedächtnis einzuverleiben oder um sie später als Zitate zu verwenden. Der erste Aphorismus aber ist Literatur einer Gattung, die auch heute noch anerkannt ist. Hingegen würden wir die Sätze, die dem ersten Aphorismus folgen, heute nicht Aphorismen nennen.

In die Rätsel des Aphorismenbuches kann man auch eindringen, indem man von dem erwähnten Stilunterschied ausgeht und überlegt, was ein Aphorismus im eigentlichen Sinne des Wortes ist und daran festhält, den ersten Aphorismus als einen ärztlichen Aphorismus zu bezeichnen.

Berühmte Verfasser von Aphorismen waren z. B. *Goethe* (Maximen und Reflexionen), *Heinse, Lichtenberg, Fr. Schlegel, Novalis* und von neueren Deutschen *Nietzsche.* Bei *Nietzsche* ist der Aphorismus die Ausdrucksform, die ihm am meisten entspricht, und für *Nietzsches* gedankliche und sprachliche Neuheit ist dieser Umstand bekanntlich nicht gleichgültig. Von Engländern war *Oskar Wilde* ein ausgesprochener Aphorismendichter.

Ein Aphorismus von *Goethe* ist z. B.: „Wer das Falsche verteidigen will, hat alle Ursache leise aufzutreten und sich zu einer feinen Lebensart zu bekennen. Wer das Recht auf seiner Seite fühlt, muß derb auftreten, ein höfliches Recht will gar nichts heißen." (Jubiläums-Ausgabe **39**, 99.)

Hier ist charakteristisch, daß der Ausspruch überrascht, daß er nicht selbstverständlich ist. Er tritt uns als die Meinung eines bestimmten und bedeutenden Menschen entgegen und als das Ergebnis seines bisherigen Erlebens. Was hat Recht mit Höflichkeit zu tun? Recht ist doch offenbar etwas Objektives und ganz unabhängig von der Art, mit der es vertreten wird. *Goethe* ist aber wichtig, daß das Nichtselbstverständliche richtig ist. Er hat es so erlebt und spricht es in einer Reihe von Aphorismen aus, die in einem Zusammenhang stehen, bei denen er an etwas Bestimmtes, an ein ihm wichtiges Erleben denkt, nämlich an die Art, mit der die gelehrte Welt seine Farbenlehre aufnahm. Er sagt davon ausgehend in einer Reihe von Aphorismen etwas sehr Weitläufiges, nichts mehr über die Farbenlehre, sondern etwas über rechthaben. Recht haben war ihm aus dem erwähnten Anlaß lebenswichtig. Ein Leben, in dem man nicht recht bekommt, ist kein Leben. Er teilt den Menschen etwas schwer Erkanntes in der Überzeugung mit, daß er ihnen ein wertvolles Geschenk macht. Zugleich erledigt er für sich eine Schwierigkeit, indem er eine bestimmte Stellung einnimmt, zunächst einer Situation, schließlich allem gegenüber. Recht haben muß die schwerste Probe überstehen. Man muß den Gegner zur Entwicklung all seiner Kräfte zwingen, daß er ganz Gegner wird. Man muß ihm die Möglichkeit nehmen, durch höfliches Schweigen der Kraft des Rechtes zu entgehen. Dazu verhilft nur die Derbheit des Auftretens.

Oder aus dem Nachlaß von *Nietzsche*: „Für einen vollen und rechtwinkligen Menschen ist eine so bedingte und verklausulierte

Welt wie die *Kants* ein Greuel. Wir haben ein Bedürfnis nach einer *groben* Wahrheit; und wenn es diese nicht giebt, nun so lieben wir das Abenteuer und gehen aufs Meer.

Zu beweisen, daß die Konsequenzen der Wissenschaft gefährlich sind, ist meine Aufgabe. Es ist vorbei mit ,gut' und ,böse' —." (Zweite Abteilung Bd. 13, S. 53, Nr. 124.)

Es ist dasselbe. Er reizt seine Mitmenschen, die Philosophen seiner Zeit, da wo sie am empfindlichsten sind, in ihrer Verehrung für *Kant*. Nur wenn die gereizten Philosophen zugeben müssen, daß „gut" und „böse" nicht die Richtungspole des Lebens sind, hat er richtig gelebt und sein Leben nicht verspielt. Wenn die Philosophen es ihm als eine der möglichen Lehren zugäben, hätte er gar nichts davon.

An vielen anderen Aphorismen könnte man zeigen, daß sie etwas *Erlebtes*, *Paradoxes*, *Persönliches*, *Entscheidendes* ausdrücken sollen.

Soll das der erste Aphorismus? Es ist nicht ohne weiteres klar, daß er Aphorismus in diesem strengeren Sinne ist. Er könnte ja auch etwas viel Harmloseres sein, eine poetische Einleitung, „Poesie etwas!", wie *Multatuli* sagt, pathetische Geste vor der nüchternen Sachlichkeit, ein buntes Initiale vor den farblosen Sätzen.

So harmlos pathetisch wird der erste Aphorismus wohl meistens gelesen. Vielleicht hat der Arzt, der die Sätze des Meisters niederschrieb, es für gut befunden, mit solch feierlicher Geste oder mit verbindlicher Lebensweisheit zu beginnen. So mögen die humanistischen Ärzte die Aphorismen gelesen haben. Denn *Hippokrates* war doch auch ein Klassiker, ein Halbgott, ein Lehrer der schönen Künste. So ähnlich mögen ihn auch in Deutschland die Akademiker der *Raabe*-Zeit betont haben, die gebildeten Ärzte.

Für die Geschichte der Medizin, für das Verständnis der Aphorismen im Rahmen der allgemeinen Medizin nützt uns das nichts. Hier müßte der Bruch im Stil etwas zu bedeuten haben.

Wir lesen den ersten Aphorismus aber wohl falsch, wenn wir ihn im Pathos des humanistischen Gymnasiums lesen.

Wieviel Abschnitte der Aphorismen echt sind, ist eine wissenschaftliche Frage von hohem Rang, ebenso die Frage, ob die Aphorismen in sich geordnet und nach einer Tendenz geordnet sind. Schon *Littré* hat in seinem „Argument" zu den Aphorismen sowohl auf die Zusammenhänge hingewiesen, als auf die Zeichen von Ungeordnetheit und Unabgeschlossenheit.

In diesem seltsamen Zustande hat das Aphorismenbuch seinen Triumphzug begonnen und zurückgelegt. Wir sind diesen Zustand

von den übrigen hippokratischen Schriften her gewöhnt. Sie sind
ungeordneter als griechische Schriftwerke im allgemeinen. Wir
kennen den Grund dieser Ungeordnetheit und Unabgeschlossenheit
nicht. Wir wissen nur, daß sie von früh an die Ärzte nicht gehindert
hat, ihre Qualität denkbar hoch einzuschätzen. Der Stilbruch also
zwischen dem ersten und zweiten Aphorismus des ersten Abschnittes
soll nun hier dazu dienen, den Grund der Hochschätzung des un-
abgeschlossenen und nicht durchgearbeiteten Buches, das zudem
in seinen verschiedenen Abschnitten von verschiedener „Echtheit"
ist, zu begreifen.

*Unsere Frage lautet, ob der erste Aphorismus einem Initiale
vergleichbar ist, dessen Wesen in der Schönheit besteht oder ob er ein
echter Aphorismus ist.*

Je nachdem es sich verhält, muß der Aphorismus mit sehr verschiedener Betonung gelesen werden. Ist er ein Initiale, so ist die
Melodie zum Text das ärztliche Pathos. Pathetisch wird ausgesprochen, daß die Medizin eine schwere Kunst ist, in deren Dienst
zu stehen schon deshalb ein Vorzug ist. Der erste Satz des ersten
Aphorismus sagt, daß das Buch sich mit einer schwierigen Sache
beschäftigt. In diesem kurzen Leben muß man eine so umfangreiche Lehre erlernen, bei deren Ausübung man trotz allen Wissens
so leicht Fehler machen könnte, bei der alle Erfahrung so oft in
die Irre führe, bei der die Praxis immer ein ander Ding bleibe, als
die Theorie. Der zweite Satz des ersten Aphorismus steht dann
unverbunden hinter dem ersten, in ihm verliert die Stimme die
Kraft zum Pathos des ersten Satzes. Er klingt fast wie das unklare
Stammeln des Schülers nach dem klaren und einfachen Satz des
Lehrers. In dieser Auffassung folgt man gern der Auffassung der
Leipziger Schule, die diesen zweiten Satz aus stilistischen Gründen
für ein späteres Einschiebsel hält. Er könnte leicht aus einem durch
Ergänzung erklärenden Kommentar in den Text geraten sein.
Die beiden Sätze des ersten Aphorismus stehen dann beziehungslos
vor dem folgenden Aphorismus. Von den Eigentümlichkeiten eines
echten literarischen Aphorismus ist nichts in beiden Sätzen zu
finden. So ist er weder ein Aphorismus, noch eine medizinische
Notiz wie die übrigen. So sieht der berühmte erste Aphorismus als
Initiale betrachtet aus. So ungerecht ist auch das Urteil der
Literatur- und Medizingeschichte nicht, als daß es einem so dürftigen Satze Unsterblichkeit verliehe.

Es fragt sich nun, wie sich der erste Aphorismus als Glied des
Aphorismenbuches verhält, wenn man ihn nach dem Beispiel des
*Goethe*schen und *Nietzsche*schen Aphorismus als einen echten
Aphorismus zu deuten versucht. Wir haben gesagt, daß es für diese

Aphorismen charakteristisch sei, daß es sich um überraschende Aussprüche handele, die nichts Selbstverständliches aussagten, und daß sie uns als das Ergebnis des Erlebens eines bestimmten und bedeutenden Menschen entgegentreten. Es scheint mir nun durchaus möglich, den Aphorismus so zu deuten. Ich verweise hier auf meine Analyse des zweiten Aphorismus[1]. Hier wurde gesagt, daß der *zweite Aphorismus sich mit den positiven Grundlagen der Heilkunde* befasse, nicht aber eine einzelne ärztliche Feststellung sei, deren Inhalt erschöpft ist mit dem, was sie sagt. Wenn dem wirklich so ist, dann müßte der erste Aphorismus von den negativen Grundlagen der Medizin handeln, und er müßte als echter Aphorismus an seiner Stelle das Wesen der Heilkunde an der Wurzel packen.

Die ersten Worte: „*Das Leben ist kurz, aber die Kunst ist lang*", sagen, nicht als Initiale betrachtet, folgendes aus. Die Theorie der Medizin dringt bis zu letzten Feststellungen vor, die aussagen, daß ein erschöpfendes Lehrgebäude dieses Faches schlechterdings nicht errichtet werden kann. Die feste Grundlage, die dazu nötig wäre, kann schon aus dem Grunde nicht geschaffen werden, weil die ungeheure Mannigfaltigkeit, in der uns das Kranksein in der Natur entgegentritt, und die unübersehbaren Möglichkeiten, sich ärztlich zu verhalten, vom einzelnen Arzt niemals ganz erfaßt werden können. Dazu ist sein Leben viel zu kurz. *Jede Grundlage einer allgemeinen Medizin ist etwas Negatives. Sie ist die Feststellung einer Unmöglichkeit.* Das Lehrgebäude der Medizin mag sich noch so fein den Notwendigkeiten anpassen, an jeder Stelle wird sich diese grundsätzliche Unmöglichkeit zeigen müssen, das Irrationale wird sich an keiner Stelle der medizinischen Lehre verleugnen lassen. Man kann demgegenüber einwenden, daß zwar das Leben des einzelnen Arztes tatsächlich zu kurz sei, um all das zu lernen, was er in der Ausübung seines Berufes später wissen muß, daß niemand von ihm verlange, daß er selbst die ganze Medizin von ihren Anfängen an für sich neu schaffe, daß sich in seinem Leben die ganze Geschichte der Medizin wiederhole. Gerade weil das so selbstverständlich richtig ist, kann man mit Sicherheit davon ausgehen, daß der Verfasser des Aphorismus diese Weisheit auch gewußt, und daß er etwas anderes mit diesen Worten gemeint hat. Er meint, daß trotz dem Bestehen einer ärztlichen Lehre und ärztlichen Literatur das Mißverhältnis immer noch groß genug

---

[1] *Festschrift* zur Feier seines 60. Geburtstages am 8. Dezember 1928 *Max Neuburger* gewidmet von Freunden, Kollegen und Schülern. *Internationale Beiträge* zur Geschichte der Medizin. Wien VIII, Langegasse 60: Verlag des Fest-Komitees 1928.

sei, um die allgemeinste medizinische Bedeutung zu behalten.
Tatsächlich ist es auch so, und wir wissen alle, daß trotz aller allgemein zugänglichen Literatur der Arzt nicht aufhört, Schüler zu
sein, daß er niemals den Zustand erreicht, in dem er das, was nun
einmal jeder für sich an Kenntnissen erwerben muß, wegen des
erwähnten Mißverhältnisses nicht erwerben kann. Lang ehe er
soweit ist, um seine Schülerjahre als beendet zu betrachten, muß er
sterben. Jeder Arzt nimmt eine mühevoll erworbene und unvoll-
kommene Erkenntnis mit ins Grab, und die neue Generation muß
wieder von neuem anfangen und weiß dabei sicher, daß es ihr nicht
anders gehen wird als der vorhergehenden. Aber die Medizin hat
nicht nur diese unbehebbare Schwierigkeit in den Grundlagen, die
allein genügen würde, die Frage nach der Möglichkeit einer voll-
kommenen Medizin zu verneinen. „Der rechte Augenblick ist
scharf", oder für uns deutlicher: „Die richtige Zeit ist nur ein
Augenblick." Dieser Satz bezieht sich fürs erste auf den Stoff
der Aphorismen und auf die Betrachtungsweise, in der sie geschrieben sind. Im Aphorismenbuch ist viel von Zeit die Rede. Die
Zeit ist der am häufigsten herangezogene Faktor. Die Zeit tritt
auf als Jahreszeit und als Lebensalter, die zu bestimmten Erkrankungen und Eingriffen geeignet machen. Es handelt sich bei
der Zeit um Diagnostik und um Therapie. Ein Behandlungs-
verfahren, das in einem Zeitpunkt richtig ist, kann im vorhergehenden und im nächsten Zeitpunkt falsch sein. Mehr als in der
Diagnostik und Prognostik ist die richtige Zeit wichtig für die
Therapie. Auch die Bestimmung dieses richtigen Zeitpunktes ist
nicht mit einer bestimmten scharfen Methodik möglich. Der Arzt
ist auf Schätzungen, auf das Erfassen des richtigen Augenblickes
angewiesen. Mit dem schätzenden Verfahren ist eine neue grundsätzliche Unmöglichkeit angegeben. Der rechte Augenblick wird
niemals errechnet, sondern er wird durch die Erfahrung und durch
das Denken des Arztes erfaßt. *„Erfahrung trügt."* Dieser Satz
bezieht sich auf beide vorhergehenden. Das, was im zu kurzen
Leben angehäuft werden soll, ist Erfahrung, und der rechte Augenblick, der erfaßt werden soll, wird mehr als durch alles andere
durch Erfahrung erfaßt. Oberflächliche Erklärer der Aphorismen
und des Hippokratismus loben hauptsächlich, daß *Hippokrates* die
Erfahrung in der Medizin an die erste Stelle gerückt hat und jedenfalls weit vor alle Spekulation. *Es ist gewiß eine seltsame Art von
Empirie, die fast damit beginnt, auf die Ungewißheit aller Erfahrung
hinzuweisen.* Nach den Aphorismen ist die hippokratische Medizin
schon durch dieses einzelne Teil des ersten Satzes mit Empirie nicht
genügend gekennzeichnet. An ihrer Stelle vertieft dieses Wort

den Inhalt des bisher Gesagten. Alles, was gesagt wurde, ist nicht nur in sich richtig, sondern es kommt noch hinzu, daß der Gegenstand, über den gesprochen wird, wenig geeignet ist, eine sichere Grundlage für eine Wissenschaft abzugeben, obwohl doch die Sicherheit der Grundlage der Anlaß zur Aphorismenbildung ist. Wurden bisher als Einleitung zu den Aphorismen dem Sinn nach negative Aussagen gemacht, so wird dieses Negative nun noch stärker unterstrichen. — *Πεῖρα* heißt wörtlich „*der angestellte Versuch*", „*die gemachte Probe*" und nicht „*die Erfahrung*". Dementsprechend übersetzt *Fuchs* im Jahre 1895 „*der Versuch*". Und es war damals auch sehr verführerisch, ein Wort zu wählen, das beinahe dasselbe bedeutet wie „*Experiment*". *Fuchs* konnte das um so leichter, als die lateinischen Übersetzer „*experimentum*" zu übersetzen pflegten und nicht „*experientia*". Jede auf die Zukunft gerichtete Zeit hat versucht, *Hippokrates* als den Vorauskünder der jeweils modernen Medizin darzustellen. 1895 mußte es also im Geist der Zeit liegen, in *Hippokrates* einen experimentierenden Arzt zu sehen, einen echten Naturforscher. Aber wie wenig ist in den Schriften von wirklichen Experimenten die Rede und wie beiläufig? Jedenfalls genügen die paar Experimente nicht, um den Hippokratismus einen Vorläufer der modernen experimentellen Medizin zu nennen. Hingegen wird fast in allen Schriften Erfahrung zusammengetragen, fast alle Urteile beruhen auf ihr. Daß man aber *πεῖρα* auch mit „*Erfahrung*" übersetzen kann, beweißt, daß z. B. die dritte Auflage des *Pape*schen Deutsch-Griechischen Handwörterbuches (Braunschweig 1905) „*Erfahrung*" sowohl mit „*πεῖρα*" als mit „*ἐμπειρία*" übersetzt und hier auch Wortverbindungen bringt, die diese Übersetzungen über allen Zweifel hinaus rechtfertigen. *Littré* verwendet „*expérience*", aber nicht, um die „*πεῖρα*" als modernes Experiment aufzufassen, sondern weil die französische Sprache ein besonderes Hauptwort für „*Experiment*" nicht kennt. „*Expérience*" heißt „*Erfahrung*", „*Experiment*" und was in diesem Zusammenhange wichtiger ist „*Versuchen*". Auch im Lateinischen (*Stowasser*) hat „*experimentum*" nur gelegentlich die Bedeutung des „*wissenschaftlichen Versuches*" und im allgemeinen die der Erfahrung schlechthin. Jedenfalls ist es gekünstelt an dieser Stelle „*πεῖρα*" mit „*Versuch*" zu übersetzen, die natürliche Übersetzung heißt „*Erfahrung*".

Mit „*die Entscheidung ist schwer*" schließt der erste Satz und faßt das bisher Gesagte in dem Sinne zusammen, daß *ärztliche Feststellungen und Entschlüsse nicht wegen einer noch nicht erreichten Vollkommenheit schwer sind, sondern daß sie immer schwer bleiben werden*, daß der Irrtum nicht durch eine vollkommene Methode ausgeschlossen werden

kann, sondern daß er gerade wegen der grundsätzlichen Schwierigkeit
niemals ausgeschlossen werden kann. Diese Deutung des letzten
Satzteiles ergibt sich mit Notwendigkeit aus der schlichten Übersetzung der vorhergehenden. So ist ausgesprochen, daß die Medizin
exakte Aussagen grundsätzlich nicht zuläßt. Aber auch dabei hat es
noch nicht sein Bewenden. Alles Gesagte bezog sich auf die Heilkunde
im engeren und eigentlichen Sinne. Es bezog sich darauf, daß sie
sich um den Menschen mit seiner Natur und seiner Schädigung
sowie um den Arzt handelt, der bestimmte Maßnahmen richtig
und im richtigen Augenblick vornehmen muß. Jedoch kommt die
Medizin in dieser reinen Begrifflichkeit im Leben nicht vor. Das
Wesentliche, die heilbringende Handlung des Arztes hat in einer
Welt zu geschehen, in der wir nun einmal leben. Hier gibt es nicht
nur den Arzt, der das Richtige im rechten Augenblicke tut, sondern
er ist noch auf anderes angewiesen, nämlich auf den Kranken und
seine Umgebung, die die an sich richtigste Maßnahme mit ihren
Willen durchkreuzen können, das heißt: „*Man muß nicht nur selbst
das Rechte tun, sondern auch der Kranke und die dabei sind*“, damit
die ärztliche Behandlung Erfolg hat, und schließlich gibt es noch
die Umwelt, all das, was durch unglückliche Zufälle und unglückliche Umstände die richtigste Behandlung des besten Arztes zum
Scheitern bringen kann, selbst wenn der Patient sein Bestes tut
und selbst wenn all die andern Menschen, die nun einmal dabei
sind, sich vernünftig verhalten, wenn sie sich bemühen, zum Erfolg
beizutragen und alles vermeiden, was stören könnte.

Wenn man den ersten Aphorismus so liest, fällt alles Dichte-
rische und Pathetische von ihm ab. Alles, was ihn dem Initiale
vergleichbar gemacht hat, ist verschwunden, und er weist nun reich-
lich Züge des echten Aphorismus auf. Er ist jetzt eine überraschende Aussage geworden, denn zu Sätzen über Medizin bildet
er jetzt einen Anfang, in dem *das Allgemeinste, was man über Medizin
aussprechen kann, keine elementaren, positiven Aussagen mehr* sind.
Es sind keine biologischen, anthropologischen, pathologischen und
therapeutischen Sätze, von denen aus man eine Lehre der Medizin
errichten könnte. Es wird nicht mehr von einer abstrakten Medizin
gesprochen, sondern von einer, die genau der gleicht, mit der es
der Arzt in jedem einzelnen Falle wirklich zu tun hat. *Von diesem
Aphorismus aus kann der Arzt keine Überraschungen mehr erleben, so
allgemein ist er gehalten.* Und außer von der Wirklichkeit spricht er
von der Unmöglichkeit eines Faches, einer „τέχνη“, von der
dann Sätze hingeschrieben werden, die etwa zweitausend und einige
hundert Jahre alt sind und durch allen Wechsel der Weltanschauung
hindurch, unberührt von all den verschiedenen Zuständen der

Wissenschaft, die sie durchlebt haben, in ihren für echt und in ihren für unecht gehaltenen Absätzen erstaunlich richtig geblieben sind. *Der erste Aphorismus muß also gleichsam der Schlüssel zu wahrer und bewährter Medizin sein.* Das Überraschende an ihm ist sein verneinendes Wesen. Wenn ein Arzt statt irgendwelcher Sätze verneinende Sätze, Sätze von der Unmöglichkeit der Medizin hinschreibt, und wenn diese Sätze dann zu positiveren Ergebnissen geführt haben, als irgendwelche positiven Aussagen über das Wesen der Heilkunde, dann muß der Schreiber eine sehr ungewöhnliche Persönlichkeit gewesen sein, und er muß seinen Beruf lange durchlebt haben, ehe er in so wenig Worten soviel Gehalt bringen konnte. Es muß sich also um einen Aphorismus handeln, der diese Literaturgattung nicht weniger stark vertritt, als *Goethe* und *Nietzsche* in den eingangs erwähnten, unzweifelhaft typischen Aphorismen. In diesen hat es sich um die Wahrheit gehandelt, und auch das gehört zum Wesen des Aphorismus, daß er nichts Beiläufiges sagt, sondern daß er *die Wahrheit im Zentrum zu packen sucht,* und zwar eine Wahrheit, *die die Lebensarbeit des Verfassers rechtfertigt oder vernichtet.* Wenn ein großer Arzt Aphorismen schreibt, muß es sich also um ärztliche Wahrheit handeln, und wenn er einen Aphorismus an den Anfang eines Buches setzt, das trotz aller Unabgeschlossenheit auch unbezweifelbare Züge von Ordnung aufweist, dann ist es recht *wahrscheinlich, daß der erste Aphorismus auch wirklich an diese Stelle gehört, daß er das Allgemeinste aussagt, was sich von Medizin aussagen läßt.* Aus dem Schicksal des Buches, aus dem Umstand, daß es auch heute noch so verblüffend wahr ist, ergibt sich dann, daß *das Allgemeinste,* das man *über Medizin* sagen kann, *etwas Negatives* ist. Es ergibt sich, daß diese Verneinung eine fruchtbare, eine *schöpferische Verneinung* ist. Erst wenn man sich klar darüber geworden ist, daß man nur dann zu guter und richtiger *Medizin* kommen kann, wenn man sich zuerst über *ihre grundsätzlichen Unzulänglichkeiten* klar geworden ist, *kann man ihr Wesen verstehen.* Die Unzulänglichkeiten gehören in die Fundamente des Baues hinein. Man kann nicht aus der Anwendung einer Wissenschaft, aus Naturphilosophie oder aus Erkenntnistheorie, aus Biologie oder aus Kosmologie den Menschen und seine Krankheiten verstehen und aus diesem Verständnis konstruieren, was man zu guter Letzt in den Nöten des Menschen tun kann. Wenn man von all diesen Wissenschaften noch so gut belehrt ist, bleibt einem am Ende nichts anderes übrig, als *das einfache Kennen des Verhaltens kranker Menschen, des Kennens der Wirkung der uns zur Verfügung stehenden Eingriffe.* Aphoristisch muß man aus der Unendlichkeit scharf umrissene endliche Wahrheiten herausfischen, und je vielsagender eine solche Wahrheit ist, je mehr sie über den Fall hinaus, an dem sie gewonnen wurde, auch für andere Fälle anwendbar ist, um so ergiebiger ist sie. Aus der Logik des Gegenstandes müssen auf den einleitenden verneinenden Aphorismus andere folgen, die scheinbar etwas Beiläufiges und Vereinzeltes, in Wirklichkeit etwas für möglichst viele kranke Menschen Gültiges aussagen. Und so steht *hinter dem verneinenden ersten Aphorismus*, der nur scheinbar eine dichterisch schwungvolle Einleitung war, eine *positive Aussage von großer Allgemeingültigkeit*, die nur scheinbar eine vereinzelte ärztliche Notiz ist. Das ist *der zweite Aphorismus*, der *aufs festeste dem ersten verbunden ist*, und dann müßten, wenn das Buch, an dem wahrscheinlich sehr lange gearbeitet wurde, *zu seinem Ende* gekommen wäre, mit abnehmender Festigkeit der Bindung an das Vorhergehende und mit abnehmender Allgemeinheit andere wahre Sätze folgen — *die Aphorismen*.

Zur Geschichte der Entdeckung des babylonischen Sexagesimalsystems.

Von Heinrich Wieleitner, München.

Nur kurz, was das bedeutet: Sexagesimalsystem. Wir haben heute in allen Kulturländern ein „Dezimalsystem" mit Stellenwert. Wir schreiben 123,45 und das bedeutet $1 \cdot 100 + 2 \cdot 10 + 3 + 4 \cdot \frac{1}{10} + 5 \cdot \frac{1}{100} = 1 \cdot 10^2 + 2 \cdot 10^1 + 3 \cdot 10^0 + 4 \cdot 10^{-1} + 5 \cdot 10^{-2}$. Dieselbe Ziffernfolge 123,45 würde, sexagesimal gelesen, bedeuten (dezimal geschrieben) $1 \cdot 60^2 + 2 \cdot 60 + 3 + 4 \cdot \frac{1}{60} + 5 \cdot \frac{1}{60^2} = 3600 + 120 + 3 + \frac{245}{3600} = 3723 \frac{49}{720}$.

Ein solches Sexagesimalsystem hatten im grauen Altertum (wahrscheinlich im 4. Jahrtausend vor Chr.) die Babylonier, genauer die Sumerer, freilich mit einem bedeutenden Kunstfehler: sie hatten kein Zeichen für die Null[1]. Wie nun dieses System entstand, darüber haben sich schon viele Gelehrte den Kopf zerbrochen[2]. Mit dieser heiklen Frage will ich mich hier gar nicht befassen. Aber es interessierte mich immer, wie man denn diesem babylonischen Dezimalsystem wieder auf die Spur gekommen sei. In den gebräuchlichen Handbüchern wird man darüber nicht in befriedigender Weise aufgeklärt. Ich verfolgte daher diese Frage und fand verschiedene Einzelzüge, die das dramatische Bild der Enträtselung der Keilschrift zu ergänzen geeignet sind.

---

[1] Die letzten Kenntnisse über die Kultur der Sumerer im allgemeinen vermittelt das Buch von *C. Leonard Woolley* „Vor 5000 Jahren". 6. Aufl. Stuttgart o. J. [1929]. Alles Frühere findet man gedrängt in dem Werk von *Bruno Meißner* „Babylonien und Assyrien". 2 Bde, Heidelberg 1920 u. 1925. Über babylonische Mathematik im besonderen Bd II, S. 385 ff.

[2] Der letzte, der allerdings seine Vorgänger nicht zitiert, war vorläufig *O. Neugebauer* „Zur Entstehung des Sexagesimalsystems". Berlin 1927. Man sehe aber z. B. *M. Cantors* „Vorles. ü. Gesch. d. Math." Bd. I, 3. Aufl., Leipzig 1907 (Neudruck 1923), S. 19 ff. und (mit Vorsicht) *M. Simon* „Geschichte der Mathematik im Altertum". Berlin 1909, S. 57 ff. (Beide Werke schon etwas alt.)

I.

Ich gehe aus von einem seinerzeit viel gelesenen Buch, von *M. Cantors* „Mathematischen Beiträgen zum Kulturleben der Völker" (Halle 1863). Infolge mangelhafter Verbindung mit dem Auslande wußte *Cantor* damals noch nicht, daß die Frage schon in weitgehendem Maße geklärt sei. Auf S. 273 erwähnt er, daß der Muslim *Alḫwârazmî* (um 825 n. Chr.) in seiner „Arithmetik" den Indern die Erfindung der Sexagesimalbrüche zuschreibe. Hierzu macht er eine Anmerkung 516, die auf S. 420 steht. Er erinnert daran, daß die Griechen seit den ältesten Zeiten Sexagesimalbrüche benutzten und glaubt nicht an eine Doppelerfindung. Hierbei weist er auf die Möglichkeit einer Urheimat in Babylon hin, von wo aus sie sich nach beiden Seiten hätten verbreiten können. Auf S. 361 reut ihn diese Mutmaßung schon wieder ein wenig. Er hält sich aber doch für verpflichtet, Mitteilungen, die er von dem Historiker *W. Oncken* erhalten hatte, bekanntzugeben. Es sind das Stellen aus *Herodot*, wo Truppen zum Schutz einer Brücke 60 Tage warten mußten, wie der Hellespont 300 Rutenstreiche erhielt (sexcenti = unzählig viele!) und wie *Kyros* einen Fluß, in dem eines seiner heiligen Rosse ertrunken war, zur Strafe in 360 Rinnsalen abgraben ließ. *Cantor* sieht darin mindestens eine Auszeichnung der Zahl 60 bei den Persern.

Offenbar wußte *Cantor* nicht, daß es hierüber viel genauere Nachrichten gab, die von einem späten Babylonier, der griechisch *Berossos* hieß und um 270 v. Chr. eine babylonische Geschichte (Erzählungen und Chronik in Griechisch) geschrieben hatte, stammten. Freilich sind davon auch nur mehr Fragmente erhalten, die durch den jüdisch-römischen Geschichtsschreiber *Flavius Josephus* in seinen „Jüdischen Altertümern"[1], durch den Kirchenschriftsteller *Eusebios* (Bischof) *von Caesarea* in seiner „Chronik"[2] und durch den Mönch *Georgios Synkellos*, Geheimsekretär (daher der Beiname!) des Patriarchen von Konstantinopel in seiner „Weltgeschichte"[3] bewahrt worden waren. Die noch heute beste Sammlung dieser Fragmente lag schon damals in der Ausgabe von

---

[1] Die neueste Ausgabe der Ἰουδαϊκὴ ἀρχαιολογία (Antiquitates Judaeorum), geschrieben im 1. Jahrh. n. Chr., ist die von *S. A. Naber* in 6 Bdn, Leipzig 1888—1896.

[2] *Eusebios* schrieb um 300 nach Chr. Χρονικοὶ κάνονες. Neueste Ausgabe von *R. Helm* (Berlin 1913; Kirchenväterausgabe).

[3] *Georgios* schrieb etwas vor 810 eine Ἐκλογὴ χρονογραφίας von der Erschaffung der Welt bis auf Diokletian. Neueste Ausgabe von *W. Dindorf* im Corpus script. hist. Byz. (2 Bde, Bonn 1829).

C. Müller vor[1]. Aus diesen Fragmenten erfährt man, daß *Berossos* die Zahl 60 mit Soß, 600 mit Ner, 3600 mit Sar bezeichnete[2]. Da er aber nur die (phantastischen) Regierungszeiten in seinen Königslisten mit diesen Namen ausdrückte, glaubte man anfänglich, daß diese Wörter nur Zeiträume bedeuteten, während sie in Wirklichkeit abstrakte Zahlenbezeichnungen sind.

Noch im Jahre des Erscheinens von *Cantors* Werk schrieb der Franzose *Th. Henri Martin*, der sich schon eingehend mit der Geschichte der Zahlzeichen befaßt hatte[3], eine umfangreiche Kritik davon mit zahlreichen Ergänzungen[4]. Er macht vor allem auf das *Cantor* unbekannt gebliebene Werk von *A. P. Pihan* „Exposé des signes de numération usités chez les peuples orientaux anciens et modernes" (Paris 1860) aufmerksam. *Pihan* stützte sich schon auf die Bearbeitung der dreisprachigen Inschrift von Bisutûn (damals Béhistoun geschrieben) durch *F. C. de Saulcy*[5] und offenbar auch auf mündliche Mitteilungen desselben Gelehrten und des etwas jüngeren *Jules Oppert* (eines geborenen Hamburgers). Die französische Schule befand sich damals im Gegensatz zur englischen, von der wir gleich sprechen werden. Die Franzosen standen sich selbst im Licht, da sie „gefunden" hatten, daß der einfache Keil nicht nur 1, sondern auch 50 (statt 60, 60^2 usw.) bedeute. Die genannte Inschrift ist für die Erkennung des Sexagesimalsystems bei ganzen Zahlen insofern ungünstig, als in ihr die nichtsumerischen, nur im Norden des Reiches üblich gewesenen eigenen Zeichen für 100 und 1000 verwendet werden. Doch hatten die französischen Gelehrten deutlich erkannt, daß die Brüche in 60teln fortschritten, von denen nur die Zähler angeschrieben waren. Daß hiervon wohl unsere Zeit- und Kreiseinteilung komme, hat *Martin* schon ausgesprochen (S. 265).

---

[1] Fragmenta historicorum graecorum, collegit… *Carolus Müller*. Im Bd 2, Parisiis 1848, S. 495—510.

[2] Z. B. S. 498/99 eine Stelle (griech.) aus *Georgios*, S. 499 eine (lat.) aus *Eusebios*.

[3] „Recherches nouv. concernant les origines de notre système de numération écrite", Rev. archéol. 13, 2ème Partie, 509—543, 588—609 (1857). Auch separat Paris 1857. Zu unserem Thema steht dort nur (S. 607), daß zwischen Indien und Ägypten Beziehungen bestanden, deren Vermittler vielleicht die Sabäer (in Südarabien) gewesen seien.

[4] „Les signes numéraux et l'arithmétique chez les peuples de l'antiquité et du moyen-âge." Ann. di matem. 5, 257—304, 337—391 (1863). Auch separat Rome 1864. (Diese beiden wichtigen und umfangreichen Abhandlungen *Martins* fehlen im *Poggendorff*.)

[5] J. asiat. (5) 3, 93—160 (1854).

II.

Unterdessen war in England längst der richtige Sachverhalt erkannt worden, und das Verdienst gebührt eigentlich zwei Männern in gleichem Maße, da sie unabhängig und gleichzeitig darauf kamen, das ist der Reverend *Edward Hincks* und der Oberst Sir *Henry C. Rawlinson*, der erste Entzifferer der Bisutûninschrift. Für die Veröffentlichung wird überall, soviel ich sehe, *Hincks* als der erste angegeben mit seinem Aufsatz „On the Assyrian Mythology", den er vor der Akademie zu Dublin am 13. November 1854 las und der im nächsten Jahr erschien[1]. *Hincks* selbst teilt aber in seinem Aufsatz (in einer Fußnote auf S. 407) mit, er habe bei der Drucklegung im Dezember (offenbar des Jahres 1854) den in Betracht kommenden Aufsatz von *Rawlinson* gelesen[2]. Offenbar war also das Heft mit *Rawlinsons* Arbeit im November oder Dezember 1854 erschienen, wenn auch der ganze Band das Ausgabejahr 1855 zeigt.

Nun hat freilich *Hincks* in seinem Aufsatz (Fußnote auf S. 407) angegeben, daß er eine erste Notiz schon in der Zeitschrift „The Literary Gazette . . .", und zwar in Bd. XXXVIII, Nr. 1959 vom 5. August 1854 (S. 707) veröffentlicht habe. Sieht man aber dort nach, so findet man allerdings einen Brief von *Hincks* an den Herausgeber abgedruckt (S. 707/08), der vom 24. Juli datiert ist und einige der Zahlenangaben enthält. Wie die Zahlen aber geschrieben waren, ist dort noch nicht vermerkt. Es gebührt also ohne Zweifel *Rawlinson* der Ruhm der ersten Veröffentlichung des Sexagesimalsystems.

Beide Gelehrte waren auf verschiedenen Wegen zu der Entdeckung gekommen. *Hincks* hatte ein Täfelchen K 90 (über das weiter nichts angegeben ist) studiert, auf dem (nach seiner Ansicht) die Größe des beleuchteten Teiles der Mondscheibe für jeden Tag des Monats angegeben war. Für den 15. Tag war der Vollmond mit der Zahl 4 bezeichnet[3]. Er kam auf den Gedanken, daß dies 240 ($= 4 \cdot 60$) bedeuten mußte. Für den 14. Tag war die Zahl 3 44 angegeben. Dies bedeutete dann $3 \cdot 60 + 44 = 224$, hierauf kam 3 28 ($= 208$) usw. Natürlich hätte *Hincks*

---

[1] Trans. R. Irish Ac. 22, Part. II. — Polite Lit., 405—422, bes. 405 bis 407 (1855).

[2] Der Aufsatz *Rawlinsons* hat den Titel „Notes on the Earley History of Babylonia". J. R. Asiat. Soc. 15, 215 ff. (1855). Die Sache selbst findet sich in der Fußnote 4) auf S. 217, die sich bis zur S. 221 hinzieht.

[3] Die Schreibung der Zahlen in Keilschrift selbst lasse ich hier füglich weg. Man kann sie in der von mir angegebenen Literatur nachsehen. — Die Zahlen beziehen sich wohl eher auf den Umlauf des Mondes. Vgl. *A. H. Sayce*, Nature 12, 490 (1875).

die Zahl 4 wirklich für 4 nehmen können, dann wäre $3\ 44 = 3\frac{44}{60}$ usw.[1]. Das konnte er aber wohl mangels weiteren Materials nicht erkennen.

Rawlinson (der die Chronik des *Berossos* sehr gut kannte) hat die ganze Sachlage voll erfaßt und bereits a. a. O. von der „doppelt rekurrierenden Reihe" gesprochen, indem er als Beispiel das eine der beiden mathematischen Täfelchen von Senkereh, das eine Tabelle der Quadratzahlen für die Grundzahlen von 1 bis 60 enthält, benutzte. Diese heute berühmten Täfelchen von Senkereh befanden sich unter der Masse von Täfelchen, die der Geologe *William K. Loftus* von seinen Reisen mitgebracht hatte. *Loftus* hatte zwei große Reisen in Babylonien gemacht, eine 1849—1852, die andere 1853—1854. Es wird überall angegeben, daß *Loftus* die Täfelchen im Jahre 1854 gefunden habe. Wenn *Rawlinson* sie schon im selben Jahre studieren konnte, ist das überhaupt nur knapp möglich. *Loftus* hat nämlich seine Reisen zwar beschrieben, aber mehr belletristisch als wissenschaftlich[2]. Er hat nicht einmal die zwei Reisen auseinandergehalten, viel weniger Daten für Abreise und Rückkunft angegeben. Wenn ich aus der Vorrede schließen darf, daß die zweite Expedition erst Ende 1853 begann, wäre es fast unmöglich, daß die Tafel noch rechtzeitig in die Hand von *Rawlinson* kommen konnte. *Lepsius*, bei dem ich die Jahreszahl 1854 für den Fund zuerst angegeben finde[3], kann sich geirrt haben. Den Ausgrabungen bei Senkereh (vom Verfasser Sinkara geschrieben) widmet *Loftus* das Kapitel XX (S. 240 ff.). Er gibt dort auch (S. 255 f.) einen Auszug aus der Note von *Rawlinson*.

Eine ganz genaue Beschreibung dieser Quadrattafel findet sich leider nirgends. Die beiden Täfelchen sind zwar in Abbildung veröffentlicht worden im Jahre 1875, aber nicht so, daß man den eigentlichen Zustand erkennen könnte[4]. Die Vorderseite des zweiten Täfelchens ist photographisch nachgebildet in einer sehr

---

[1] Diese verschiedenen Lesungen sind eben durch das Fehlen eines Zeichens für Null möglich. Auf alle Fälle erscheint der Kreis in 240 Teile geteilt.

[2] „Travels and Researches in Chaldaea and Susiana; with an account of Excavations at Warka, etc." London 1857.

[3] S. die übernächste Fußnote.

[4] „The cuneiform Inscriptions of Western Asia." Vol. IV. A Selection from the miscellaneous Inscriptions of Assyria. Prep. f. publ.... by Sir *H. C. Rawlinson*, ass. by *G. Smith*, London 1875. Auf Tafel 40 sind die beiden Täfelchen von Senkereh (ohne Anwendung dieser Bezeichnung), auch wesentlich vergrößert, zeichnerisch abgebildet. (2. Aufl. 1891, mit kleinen Änderungen.)

reichhaltigen Abhandlung von *Richard Lepsius*, der zwar nur diese
Vorderseite genauer behandelt, aber auch die Rückseite und die
erste Tafel beschreibt[1]. Aus der einen Abbildung darf man
schließen, daß es sich um gewöhnliche, kaum handtellergroße,
wahrscheinlich ungebrannte Täfelchen handelt, deren Schrift-
zeichen ungefähr die Größe unserer kleinen Druckbuchstaben
haben. Der Anfang und das Ende der Quadrattabelle, die zum
erstenmal auch die Rechenfertigkeit der Babylonier ahnen ließ,
sind gut erhalten. Das Quadrat von 8 ist geschrieben 1 4, das
Quadrat von 59 in der Form 58 1 ($= 58 \cdot 60 + 1 = 3481$), in der
letzten Zeile muß stehen: Das Quadrat von 60 ist 3600. Sowohl
60 wie 3600 sind mit dem einfachen Keil, der 1 bedeutet, geschrieben.

Das zweite Täfelchen enthält auf der Vorderseite eine metro-
logische Tabelle, die nach verschiedenen kleineren Vorarbeiten
Lepsius entscheidend beurteilt hat. Hier ist auf einer Seite ein
bedeutendes Stück abgebrochen. Auf der Rückseite steht eine
Tabelle der Kubikzahlen, und zwar sind die Grundzahlen 1—32
erhalten. Der Kubus ist noch bei der Grundzahl 30 lesbar und
ist geschrieben 7 30. Man kann wieder nur aus dem Zusammenhang sehen, daß dies nicht $7 \cdot 60 + 30 = 450$, sondern $7 \cdot 60^2$
$+ 30 \cdot 60 = 25\,200 + 1800 = 27\,000$ bedeutet. Die Tafel setzte
sich sicher bis 60^3 fort; aber ob das auf dem abgebrochenen Teil
Platz hatte, oder ob die Fortsetzung auf einer anderen Tafel
stand, kann ich nicht entscheiden.

Über das Alter der beiden Täfelchen hat sich offenbar niemand
genauer ausgesprochen. Sie scheinen etwa aus den Jahrhunderten um 2000 v. Chr. zu stammen. Heute ist das ziemlich neben-
sächlich geworden, da man weiß, daß die Sumerer, die die Träger
dieser alten Kultur sind, um jene Zeit schon jede Art Rechnung
mittels ihrer Sexagesimalbezeichnung ausführen konnten[2].

*　*　*

Die Engländer mußten noch lange um die Anerkennung ihrer
von Anfang an richtigen Lesung kämpfen. In dem Vorwort eines
vierbändigen Werkes „The five great Monarchies of the Eastern

---

[1] „Die babylonisch-assyrischen Längenmaße nach der Tafel von Senkereh.“ Abh. K. Akad. Wiss. Berlin. Aus dem Jahr 1877. Berlin 1878, S. 105 bis
144 m. 2 Tfln. Lichtdruck auf der Vorderseite der Tfl. I. *Lepsius* macht
viele Literaturangaben.

[2] S. z. B. *O. Neugebauer* „Zur Geschichte der babylonischen Mathematik.“ Quellen u. Studien z. Gesch. d. Math. Abt. B: Studien. Bd I,
H. 1, Berlin 1929, S. 67—80.

World etc." (London 1862—1867) wehrt sich der Verfasser Professor *George Rawlinson* (jüngerer Bruder von Sir *Henry*) energisch gegen die Skeptiker. Aber noch im Jahre 1868 konnte in Paris eine ausführliche Beschreibung mit Erläuterung der Täfelchen von Senkereh von einem Schüler *Opperts* erscheinen, in welcher nicht nur die sexagesimale Lesung der ganzen Zahlen nicht anerkannt wurde, sondern auch der Zwischentext ganz falsch interpretiert war[1].

Nach Deutschland, von wo die Entzifferung der Keilschrift durch *G. F. Grotefend* Anfangs des 19. Jahrhunderts ihren Ausgang genommen hatte, ist die Nachricht und die Erkenntnis von der richtigen Deutung der Sexagesimalschreibung mindestens zwei Jahre früher gekommen. Im Jahre 1866 veröffentlichte *Joh. Brandis* in Berlin ein ausführliches, auf einer sehr hohen Stufe stehendes Werk „Das Münz-, Maß- und Gewichtssystem in Vorderasien bis auf Alexander den Großen", wo er (S. 8) die Lesung der Quadratzahlentafel durch *H. Rawlinson* und in einer Ergänzung dazu (S. 595) auch die Erläuterung der Mondtafel durch *E. Hincks* mitteilte.

Damit habe ich die Geschichte der Entdeckung dieser merkwürdigen Sexagesimalschreibung so genau ich es konnte gezeichnet. Mögen andere die Lücken, die ich angemerkt habe, und auch die von mir übersehenen, ausfüllen.

---

[1] *François Lenormant* „Essai sur un document math. chaldéen (damit ist die auch allein nachgebildete Quadrattafel gemeint) et à cette occasion sur le Système des Poids et Mesures de Babylone" (Lithogr.) Paris 1868. Verbessert in *F. Lenormant* „Choix de textes cunéiformes ...", Nr 84, H. 3, Paris 1875, S. 219/20.

Das Reiten ein Heil- und Gesundungsmittel im klassischen Altertum[1].

Von Wilhelm Haberling, Düsseldorf.

Auf dem internationalen Kongreß für Geschichte der Medizin zu Leiden im Jahre 1927 habe ich in einem Vortrage[2] nachzuweisen versucht, daß die griechischen Ärzte Sportärzte im weitesten Sinne des Wortes waren und nicht nur den gesundheitlichen Wert der sportlichen Übung vollauf erkannten, sondern auch in den einzelnen Arten des Sportes richtige Heilmittel gegen bestimmte Krankheiten fanden. Damals hatte ich an dem Beispiel der einfachsten Bewegung, des Spazierganges, nachweisen können, daß dieser vielfach gegen Krankheiten aller Art verwandt wurde. Heute möchte ich im Gegensatz dazu untersuchen, ob auch eine der kompliziertesten sportlichen Übungen, nämlich das *Reiten*, ebenfalls als Mittel gegen bestimmte Krankheiten im Altertum verwandt wurde.

Den Griechen galt das Roß, dieses edelste und schönste Tier, als Gnadengeschenk des Meerbeherrschers Poseidon. Sie haben freilich erst spät das Pferd bestiegen, haben aber im Gegensatz zu heute die herrliche Bewegung auf dem Rücken des Tieres ganz genossen, indem sie ohne Sattel und Steigbügel ritten. Der Pferdesport galt bald als eine des kriegserprobten vornehmen Manns würdige Passion. Der Grieche hatte große Freude an reiterlichem Wesen! Wird doch nirgendwo wie beim Reiten gerade Kraft und Gewandtheit, Mut und Geistesgegenwart, Talent und Erfahrung verlangt, nirgendwo das harmonische Zusammenwirken aller Körperteile so vorausgesetzt. Die Lehrmeister in der edlen Reitkunst waren für die Griechen ihre grimmigsten Feinde, die Perser; von

---

[1] Nach einem auf dem Kongreß für Geschichte der Medizin zu Budapest am 6.9.1929 gehaltenen Vortrag.

[2] Vgl. die Veröffentlichung über den VI me Congrès international d'histoire de la médécine, Leyde-Amsterdam 18.—23. Julliet 1927, S. 48—51. Anvers: De Vlijt 1929.

ihnen lernten sie das Roß als Fortbewegungsmittel, als Mittel im Kampf und bei Wettspielen gebrauchen.

Fein beobachtend standen im Hintergrunde die Ärzte Griechenlands, um zu erschauen, ob aus diesem Sport auch für die Heilkunst Ersprießliches erzielt werden möchte. Sehr bald gelangten sie zu der Überzeugung, daß eine Fülle von Beschwerden und Krankheiten durch die Reitkunst gemildert oder beseitigt werden könnten.

Vor allem war es ein Zustand, der, wie auch heute, sicher durch das Reiten geheilt werden konnte, das war die allgemeine Fettleibigkeit. *Hippokrates* sagt in seinem Werk über die Diät:

„Ritte in der Bahn und im Felde machen mager "und an einer anderen Stelle: „Ritte über zwei Stadien und Ritte in freier Luft dehnen das Fleisch weniger aus, machen es vielmehr schmächtig, weil die Anstrengung, die sich an dem äußeren Teil der Seele abspielt, das Feuchte aus dem Fleisch herbeizieht und den Körper dünn und trocken macht." (Littré 6, 578). So erzählt *Sueton* (Caligula 3) von *Germanicus*, dem Neffen des *Tiberius*, daß dieser, als er an einer Magerkeit der Unterschenkel litt, auf den Rat seiner Ärzte hin nach dem Frühmahl längere Zeit reiten mußte und dadurch geheilt wurde. — *Asklepiades* von *Bithynien* empfahl das Reiten besonders, um die stockende Atombewegung wieder in normalen Gang zu bringen, und *Caelius Aurelianus* (ed. Amman 1705, 591) nennt das Reiten mit an erster Stelle als Mittel überflüssiges Fleisch vom Körper zu entfernen.

In zweiter Linie wurde das Reiten gegen Hüftweh gebraucht. Zwar schreibt *Hippokrates*, das Reiten schade der Hüfte und sei der Vater der Schmerzen (Littré 2, 79); von den späteren Autoren aber sind die meisten gegenteiliger Ansicht. So befahl *Themison* den an Entzündung des Hüftnerven Leidenden zu reiten, damit durch die Heftigkeit der Bewegung eine gewisse Reizung der Teile stattfinde. Auch *Theodorus Priscianus* (Meyer-Steineg S. 275) empfiehlt das Reiten bei Ischias.

Erkrankungen des Magens und der Därme werden von *Celsus* (4, 26) durch das Reiten kuriert; er betont: „nichts stärkt die Därme mehr als Reiten". Für diese Art der Behandlung sprechen sich auch *Plinius* (Lib. 27, cap. 7), *Antyllus* (Oribasius 1, 519) und *Alexander* von *Tralles* aus (Ed. Puschmann 2, 360).

Von anderen Leiden, bei denen das Reiten als Heilmittel empfohlen wird, seien hier nur erwähnt die von *Alexander* von *Tralles* an verschiedenen Stellen genannten Erkrankungen: Epilepsie, Hydropisie, Taubheit (Ed. Puschmann 2, 102) und Kopfschmerz. Bezüglich der Epilepsie heißt es bei ihm (1, 552): „Aber nicht zu Fuß, sondern auch zu Pferde soll sich der Epileptiker Bewegung machen, und zwar zuerst langsam, später aber rascher." Bezüglich der Kopfschmerzen sind besonders die, welche durch eine kalte Dyskrasie erzeugt sind, durch Reiten heilbar (1, 474).

Wir würden uns einer Unterlassungssünde schuldig machen, wollten wir nicht betonen, daß bei bestimmten Krankheiten von vielen Ärzten das Reiten für schädlich angesehen wurde. So berichtet *Hippokrates* von den Skyten, daß bei ihnen durch das fortwährende Schütteln auf dem Pferde Unfruchtbarkeit entstände (Littré 2, 74). In den Epidemien VI (Littré 5, 332) berichtet *Hippokrates* von solchen, die zu Pferde gesessen und längere Ritte unternommen hatten. Bei diesen stellten sich in der Lende und in den Beinen zu Lähmungen führende Schwäche und in den Ober- und Unterschenkeln Mattigkeit und Schmerzen ein.

Celsus sagt (4, 30 u. 31), daß den an Knieschmerzen und an Fuß- gicht Leidenden das Reiten besonders nachteilig sei. *Archigenes* betont (Caelius Aurelianus 5, 1), daß man das Reiten bei Erkran- kung der Blase und bei der Behandlung von Blasengeschwüren vermeiden müsse. *Galen* warnt davor, zu heftig zu reiten, weil dadurch Nierenerkrankungen entstehen könnten. *Hippokrates* spricht von der Möglichkeit, daß durch das Reiten Fisteln am After entstehen, wenn sich das Blut an der Hinterbacke in der Nähe des Afters ansammele (Littré 6, 449).

Auch in der Folgezeit hören wir im Mittelalter und in der Neuzeit zuweilen Ärzte von der Wichtigkeit des Reitens für bestimmte Krankheiten sprechen. So rühmt die Heilige *Hildegard* von *Bingen* das Reiten als ein besonders gutes Fortbewegungsmittel für Männer, und *Thomas Sydenham* preist das Reiten bei einer ganzen Reihe von Krankheiten, die die Alten noch nicht genannt haben, als vorzügliches Heilmittel, so bei chronischen Krankheiten, bei galliger Kolik, Hypochondrie, Hysterie, besonders aber bei der Schwind- sucht[1]. „Bei der Schwindsucht", sagt er, „nützt das Reiten mehr als die Chinarinde beim Wechselfieber und das Quecksilber bei der Syphilis."

Daß tatsächlich auch in späterer Zeit das Reiten heilbringend bei Schwindsucht sein könnte, das berichtete *Sticker* gelegentlich der Budapester Tagung im Anschluß an meinen Vortrag: Der ungarische Dichter *Maurus Jokai* war vom Bluthusten befallen und dem Tode nahe. Da setzte er sich aufs Pferd, machte an- strengende, lange Ritte zwei Jahre hindurch in Siebenbürgen und

---

[1] Vgl. *Georg Sticker*, Entwickelungsgeschichte der spezifischen Therapie. Janus (Leyde) 33, 251 (1929).

ist vollkommen genesen, ja hat das hohe Alter von 80 Jahren
erreicht.

Zum Schluß aber möchten wir darauf hinweisen, daß für gesunde
Menschen das Reiten von allen ärztlichen Schriftstellern Griechenlands besonders gerühmt wurde als ein Mittel den Körper zu stählen
und zu kräftigen und die Gesundheit zu erhalten. *Galen* steht dabei
an der Spitze dieser Ärzte, indem er (De sanitate tuenda Kühn 6,
151) betont, daß durch das Reiten nicht nur die Muskulatur der
Beine, nein auch die Sehschärfe, Hals und Eingeweide besonders
gekräftigt würden. Schärfung der Sinne trete durch das Reiten auf.

In diesen Worten und Erfahrungen trifft sich aber der große
Arzt mit Deutschlands größtem Dichter *Goethe*, der einmal (in
seiner Schrift zu Tischbeins Idyllen 8) begeistert ausruft: „Der
Mensch fühlt sich körperlich niemals freier, erhabener, begünstigter
als zu Pferde, wo er, ein verständiger Reiter, die mächtigen Glieder
eines so herrlichen Tieres, eben als wären es die eigenen, seinem
Willen unterwirft und so über die Erde hin als höheres Wesen zu
wallen vermag."

Die Vision des Arisleus.

Von Julius Ruska, Berlin.

Die „Visio Arislei" gehört zu dem Schriftenkreis, der sich an die „Turba Philosophorum" anschließt. Sie ist in verschiedenen alten Sammlungen alchemistischer Werke gedruckt und erfreut sich wie die Turba selbst keines guten Leumunds. Das ist weiter nicht verwunderlich, da man ebenso durch den Rattenkönig von unverständlichen Namen, mit dem der gedruckte Text beginnt, wie durch die Unverständlichkeit der Allegorie selbst, die den Hauptinhalt bildet, von einer näheren Beschäftigung mit der Schrift abgeschreckt wird.

Ein sehr alter und zwei jüngere, mit ihm nahe übereinstimmende Texte der Vision, die mir bei meinen Studien zur „Turba" in die Hand kamen[1], lieferten den Beweis, daß der gedruckte Text sehr stark überarbeitet ist. Die Handschriften bieten eine im Druck fehlende Exposition, die erst den Schlüssel zu der ganzen Szene enthält: Nach der großen pythagoreischen Synode, deren Protokoll die „Turba" darstellt, findet noch eine Sitzung statt, auf welcher *Pythagoras*, indem er an eine früher dargebotene Allegorie erinnert, den *Arisleus* aufmuntert, ein neues Gleichnis zum besten zu geben. *Arisleus* erbittet sich etwas Zeit, und am folgenden Tage trägt er vor einem Kreis von Philosophen und Schülern sein Traumgesicht vor.

In der Allegorie wird unter dem Bild einer Zeugung ein chemischer Vorgang beschrieben. Der König der Meerbewohner hat einen Sohn *Cabritis* (Chambritis, Cambertius, Thabritis usw.) und eine Tochter *Beua* (Buna, Beya), die *Arisleus* miteinander vereinigt. Die Namen bedeuten *Schwefel* und *Quecksilber*. Der Name *Cabritis* ist nur eine leichte Veränderung des arabischen *kibrīt*, Schwefel. Der Name der Schwester, die als „puella candida" beschrieben wird, war etwas schwerer zu ermitteln, da das Quecksilber durch einen

---

[1] Cod. lat. 584 der Staatsbibliothek Berlin = B, und Codd. lat. 389 und 390 der Stadtbibliothek St. Gallen (Vadiana) = C, D.

Decknamen bezeichnet ist. Es muß *Beida*, d. i. arabisch (*al*)*baiḍā*,
die Weiße, gelesen werden.

Ich gebe im nachfolgenden eine Übersetzung des Textes der
Berliner Handschrift mit den notwendigsten Erläuterungen. Für
den lateinischen Text und alles Weitere verweise ich auf meine
demnächst erscheinenden Untersuchungen zur Geschichte der
„Turba".

Übersetzung der Berliner Handschrift.
I. Einleitung.

Der Brief des (Bruders[1]) *Arisleus*, das ist die Vision, die er als
ein Gleichnis für das Werk dieser Kunst und für ihre Geräte, Feuer,
Tränkungen, Lösungen und Fixierungen verfaßt hat. Niemand,
der etwas Verstand besitzt, liest sie, ohne daraus so viel zu lernen,
daß er keiner andern (Belehrung) bedarf[2].

II. Pythagoras stellt Arisleus die Aufgabe.

Nachdem nun die Gespräche vollendet waren, die *Arisleus* zu
der Zeit verfaßte, wo die Schüler zum Verhandeln (über die Kunst
der Alchemie) vereinigt waren, *sprach Pythagoras*: Ihr schreibt
und habt schon geschrieben, wie dieser kostbare Baum gepflanzt
wird, dessen Früchte dem, der sie verzehrt, für immer den Hunger
stillen[3]; wobei Ihr wißt, daß selbst, wenn einer den Baum kennt
und alle seine Geräte rein hält[4] und ihn dann pflanzt, dennoch keiner
davon essen kann, wenn er nicht zu den (letzten) Gewißheiten
gelangt. Sprich also über ihn, wie Du denkst und gib uns ein für
die Nachfahren verständliches Gleichnis, nach dem sie ihn behandeln können und laß nicht zu, daß, wer diesen Baum kennt und
gepflanzt hat, in Bedrängnis traurig stirbt.

Und jener: Gern, Herr; doch aus Scheu vor Eurer Person fürchte
ich, vielleicht nicht ganz Euren Wunsch erfüllen zu können.

Und der Meister: Sprich, so geschickt Du kannst, und hüte Dich
vor Dunkelheit.

Und jener: Laß mir etwas Zeit.

Und Pythagoras: Die sollst Du haben.

---

[1] Hs. deutlich *freti,* für *fratris? Arisleus* ist *Archelaos.*

[2] Dieser Satz ist der Einleitung zur „Turba" nachgebildet: Quem librum
vix legit intellectum habens vel aliquantulum prius in hac arte investigans,
qui in nobile propositum non pervenit.

[3] Vgl. Turba, Sermo LVIII des *Balgus.*

[4] Hss. B *immo emundet* C *emat et* D *ymo emendi.*

III. Die Zusammenkunft der Philosophen.

Als nun am folgenden Tage[1] alle Philosophen und die zehn überglücklichen Schüler versammelt waren, von denen *Arisleus*, der Sohn des *Ablondus*[2], der älteste und beim Meister angesehenste war, der Verwahrer seiner Bücher und der Vermittler zwischen ihm und den Philosophen, dann *Paris* . . .,[3]

da sprach zu ihm Pythagoras: Was hast Du getrieben, *Arisleus?*

Und jener: Ich habe im Traum etwas Wunderbares gesehen.

Sprechen zu ihm die Philosophen: Was hast Du gesehen, *Arisleus?*

IV. Arisleus erzählt seinen Traum.

Und jener: Ich sah mich und einige von Euch im Meere schwimmend, das die Grenzen der Welt umfaßt. Und siehe, die Bewohner des Meeres beschlafen sich gegenseitig, und es wird ihnen nichts geboren; sie pflanzen Bäume, und sie tragen keine Frucht, sie säen, und es geht ihnen nichts auf. Da sprach ich: Was ist mit Euch? Ist denn, obgleich Ihr so viele seid, kein Philosoph unter Euch, der Euch belehren könnte? Da sagten jene: Was ist das, ein Philosoph? Und ich: Einer, der die Dinge kennt. Und jene: Was nützt seine Wissenschaft? Und ich: Wenn unter Euch ein Philosoph wäre, würden sich Eure Söhne vermehren, Eure Bäume würden nicht zugrunde gehen, Euer Samen würde wachsen, Eure Güter würden sich vermehren, und Ihr würdet wie Könige sein, alle Eure Widersacher überwältigend.

Sie entfernten sich nun, um ihrem Herrn (einem Meergeschöpf[4]) Mitteilung zu machen und er ließ uns durch einen Boten sagen: Wer hat Euch zu uns hergebracht? Wir antworteten und sprachen: Unser Meister, das Haupt der Seher, hat uns zu Dir geschickt, und bietet Dir ein Geschenk an. Und jener: Wo ist Euer Geschenk? Und ich: Unseres Meisters Geschenk ist verborgen, nicht offenkundig. Und jener: Bringt es mir sofort, wo nicht, so werde ich Euch töten! Und ich: Unser Meister hat uns gesandt, um Dich die Art der Zeugung zu lehren und der Pflanzung des Baumes, nach dessen Genuß niemand wieder hungrig wird. Und jener: Wenn Ihr die Wahrheit sagt, so hat Euer Meister mir ein großes Geschenk dargebracht. Und ich: O Herr, obgleich Du König bist, führst Du doch ein schlechtes Regiment, denn Du hast Männer mit

---

[1] Hs. *Castrina dic* statt *Crastino die.*

[2] Hs. *Ablodissimi*, andere Lesarten *Ablondi, Albodite, Abladi;* vielleicht ist *Apollonius* gemeint.

[3] Die hier folgenden Namen lauten in allen Hss. anders und spotten bis auf wenige, wie *Parmenides, Anaximenes, Anaxagoras* jeder Erklärung.

[4] Hs. *cuidam sc. marino,* MANGET, Bibl. chem.: *Regi marino.*

Männern verbunden, obgleich Du weißt, daß die Männer (allein) keine Kinder hervorbringen. Denn die Zeugung geschieht durch Männer und Frauen und besonders durch beider Vereinigung. Denn wenn die Männer Frauen nehmen, freut sich die Natur der Natur[1] und es findet eine wahre Zeugung statt. Wenn Ihr Naturen ungeschickt mit fremden Naturen verbindet, wie könnt Ihr hoffen, daß in Wahrheit gezeugt wird? Und jener: Was ist also „geschickt" verbunden? Und ich: Führe mir Deinen Sohn zu, den Du am meisten von allen Söhnen liebst. Da führte er mir seinen Sohn *Cabritis* zu. Und ich sagte zu dem König: Wo ist seine Schwester *Beida?* Und jener: Wehe, bist Du ein Zauberer? Woher kennst Du seine Schwester *Beida?* Und ich: Die Wissenschaft von der Zeugung hat uns gelehrt, daß der Name seiner Schwester *Beida* ist und daß den *Cabritis*, obgleich er ein Mann ist, seine Schwester *Beida*, obgleich sie eine Frau ist, veredelt, weil sie aus ihm stammt. Und jener: Warum willst Du die *Beida* haben? Und ich: Weil ohne sie die Zeugung nicht geschieht, noch gelingt. Da ließ der König sie holen und stellte sie vor, und siehe, sie war ein Mädchen, weiß, zart und lieblich. Darauf sagte ich: Ich werde den *Cabritis* mit der *Beida* vereinigen. Und jener: Wehe Dir, nimmt denn ein Mann seine Schwester zur Gattin? Und ich: So hat es auch unser Vater *Adam* mit seinen Söhnen getan, weshalb wir nun so zahlreich sind. Und jener: Wie zahlreich seid Ihr! Und ich: Auch Du wirst, meinen Befehlen gehorchend, glücklich sein. Meine Genossen aber sprachen zu mir: Halt ein! Was hast Du mit den Worten der Seher[2] zu tun? Und ich: Aus diesem Meer führt Euch nichts heraus als die Vermählung des *Cabritis* und der *Beida*. Der König aber sprach: Ich will sie Euch übergeben. Indem ich aber den *Cabritis* ihr verband und er mit ihr sich vermählte, starb er sofort. Der König, darüber zur Wut entflammt, sagte daher: Wegen des Todes meines Sohnes werde ich Euch alle dem Tod überliefern. Denn ich habe Eure magische Kunst schon vorher gefürchtet, und Ihr seid nur mit bösen Absichten bei uns vorgedrungen. Nun nahm er mich und meine Genossen gefangen und sperrte uns in ein gläsernes Haus, über dem er ein anderes und wieder ein anderes baute, so daß wir in drei Häusern eingeschlossen waren. Darauf sagte ich zu ihm: Warum hast Du uns so übereilt Qualen zugefügt? Übergib uns Deine Tochter, daß sich Gott vielleicht unsrer erbarmt und Dir Deinen Sohn als zarten Jüngling, der Deine Nachkommenschaft vermehrt, zurückgibt. Und jener: Wollt Ihr auch

---

[1] Die bekannte Formel aus den „Physica et Mystica" des *Pseudo-Demokritos.*

[2] Hs. *vatum verbis,* unverständlich.

noch meine Tochter töten? Und ich: Eile nicht, o König, Übles
zu denken und uns Qualen zuzufügen. Warte ein wenig und übergib
uns Deine Tochter! Nachdem sie uns aber übergeben war, blieb
sie mit uns 80 Tage im Gefängnis, und wir verblieben in der
Finsternis der Wellen und in heftiger Hitze des Sommers und im
Sturm des Meeres, wie uns nie zuvor etwas Ähnliches begegnet war.
Als wir nun ganz erschöpft waren, sahen wir Dich, o Meister, im
Traum. Wir flehten Dich an, Du möchtest uns durch Deinen
Schüler *Horfoltus*[1] Hilfe bringen, der der Urheber der Ernährung
ist[2]. Da dies zugestanden wurde, freuten wir uns sehr und sandten
zum König (die Botschaft): Siehe, dein Sohn lebt, der dem Tode
geweiht war[3].

Man kann über den Geschmack des Verfassers streiten und die
Art, wie er die Darstellung des Zinnobers aus Schwefel und Quecksilber beschreibt, albern finden — aber das ist nun einmal, wenigstens in gewissen Schulen und zu gewissen Zeiten, die Sprache der
alten Alchemie, und wir könnten froh sein, wenn alle Allegorien,
die sich in dieser Literatur finden, sich so einfach erklären ließen,
wie die hier mitgeteilte.

----

[1] Andere Lesarten *Harfulcus, Arfultus, Harforetus;* gemeint ist *Hera-
kleios,* der auch in der Turba unter den Rednern auftritt.

[2] Alle Hss. haben *nutrimenti autor;* ungeschickte Übersetzung der arabischen Vorlage? Die Stelle ist unverständlich.

[3] Die Übersetzung folgt dem gedruckten Text, der an dieser Stelle
offenbar besser ist als die mir vorliegenden Hss: B *commotus est* C *mortuus est* D *semi? mortuus est.*

Heilsegen aus dem bayerischen Franken.

Von Heinrich Marzell, Gunzenhausen.

Zu den bemerkenswertesten Zeugnissen der deutschen Volksmedizin gehören die Heilsegen (Heilsprüche, Krankheitssegen, Besprechungen, Beschwörungen). Es handelt sich meist um. Reime oder formelhafte Sätze, die über dem Kranken ausgesprochen werden. Viele von diesen Heilsegen haben sicher in hohes Alter, wenn auch die zu *Grimms* Zeiten sehr verbreitete Meinung, daß sie fast alle auf das germanische Altertum zurückgehen, kaum richtig sein dürfte. Weitaus die meisten der heute noch im Umlauf befindlichen Heilsegen enthalten *christliche* Elemente. In manchen Fällen mögen allerdings Christus oder die im Segen angeführten Heiligen Nachfolger heidnischer Gottheiten sein. Allgemein bekannt ist wohl der zweite „Merseburger Zauberspruch" (er stammt aus dem 8. Jahrh. n. Chr.) gegen Beinverrenkung. Hier wird in Gestalt einer Fabel erzählt, wie dem Pferd des Himmelsgottes Balder ein tückischer Waldgeist den Fuß verrenkte und wie dann der Gott Wodan durch seine Kunst und den Spruch die Beinverrenkung heilte: „Bein zu Bein, Glied zu Glied, als ob sie geleimt seien[1]". Auch aus der Antike sind solche Heilsegen bekannt. Das älteste Zeugnis dürfte wohl in der Odyssee (19, 456f.) zu finden sein, wo erzählt wird, wie die Söhne des Autolykos das Blut aus der Wunde, die dem Odysseus auf der Jagd ein wütender Eber beigebracht hatte, durch Beschwörungsworte stillten[2].

Wie aus dem volkskundlichen Schrifttum ersichtlich, sind solche Heilsegen auch jetzt noch vielfach im Volke, besonders auf dem Lande, zu finden. In welchem Umfang sie noch tatsächlich angewendet werden, läßt sich schwer feststellen. Sicher ist aber (wie schon ab und zu aus Gerichtsverhandlungen ersichtlich), daß hin und wieder Kurpfuscher, Schäfer, weise Frauen und ähnliche „Heilpersonen" ihre Patienten damit behandeln. Meist sind diese

---

[1] *V. d. Leyen*, Deutsches Sagenbuch 1, 29, 39 (1920).

[2] Vgl. auch Handwörterbuch des deutsch. Aberglaubens 1, 1157 (1927), s. v. besprechen.

Segensprüche in Abschriften verbreitet und in Bauernhäusern bekommt man manchmal mehr oder minder abgegriffene Büchlein zu Gesicht, in denen solche Heilsprüche von Großvaters oder Urgroßvaters Zeiten her eingetragen sind. Der Orthographie nach zu schließen, sind sie oft nur nach dem Gehör niedergeschrieben. Verschreibungen, Verstümmelungen, oft bis zur Unkenntlichkeit, sind nicht selten. Vielfach entstammen diese Segen Druckwerken, so dem berühmten oder besser berüchtigten „Albertus Magnusbüchlein" („Albertus Magnus bewährte und approbierte sympathetische und natürliche egyptische Geheimnisse für Menschen und Vieh"), das man noch in Winkelbuchhandlungen, auf Jahrmärkten usw. kaufen kann. Früher wurde es besonders von einem Reutlinger Verlag vertrieben, jetzt scheinen sich mehr Berliner und Leipziger Verlage damit zu befassen. Als Druck- bzw. Verlagsorte dieser Albertus Magnusbüchlein werden z. B. Brabant, Philadelphia, Toledo usw. angegeben[1]. Das unten zitierte Albertus Magnusbüchlein ist in meinem Besitz, es ist als 20. vermehrte und verbesserte Auflage bezeichnet, als Verlagsort ist Toledo angegeben. Ich erstand es im Jahre 1911 in einer Augsburger Buchhandlung. Das Buch war (offenbar um die Neugierde anzulocken) versiegelt, die Siegel zeigen einen Totenkopf und ein Kreuz. Das Buch besteht aus vier Teilen (Format 11:18 cm) mit zusammen 264 Seiten. Außer den Heilsegen enthält es noch eine Menge von Sympathiemitteln usw.

In den folgenden Zeilen sind eine Reihe Heilsegen aus dem *bayerischen Franken* und zwar vor allem aus den Kreisen Mittel- und Oberfranken wiedergegeben. Es handelt sich nicht etwa um neu aufgefundenen Stoff, die Segen sind schon im Druck, allerdings an meist recht wenig (besonders vom Mediziner) beachteter Stelle veröffentlicht, so daß ich es verantworten zu können glaube, sie hier in ihren wichtigsten Typen noch einmal zu bringen. 1861 erschienen die „Aphorismen über Volkssitte usw. in Franken" des auch als Ornithologen bekannten Pfarrers *A. J. Jäckel* (damals in Neuhaus in Oberfranken). Diese „Aphorismen" enthalten zahlreiche Krankheitssegen, die *Jäckel* unmittelbar aus dem Landvolk gesammelt hat. Eine sehr verdienstvolle Sammlung „Volksmedizin und Aberglaube aus Franken und Schwaben" gab im Jahre 1913 der jetzt in Gunzenhausen lebende, ausgezeichnete Kenner der fränkischen Geschichte Lic. *Clauß* heraus. Es lagen ihm mehrere handschriftliche „Zauberbücher" vor (nach den Schriftzügen offenbar im Anfang des 19. Jahrhunderts niedergeschrieben), eines

---

Vgl. Hess. Bl. Volksk. 2, 5 ff. (1903).

davon stammte aus einem kleinen Dorf an der Wörnitz im nördlichen Schwaben, die drei anderen waren aus der Gegend zwischen Wassertrüdingen und Gunzenhausen (südliches Mittelfranken). Schließlich veröffentlichte ich selbst 1914 den Inhalt eines Zauberbüchleins aus Oberfranken (ebenfalls im Anfang des 19. Jahrhunderts niedergeschrieben), das ich der Güte von Herrn *Schörner* in Erlangen verdankte. In der gleichen Arbeit brachte ich auch einige Segen aus einem 1852 niedergeschriebenen „Familienbuch" aus der Kulmbacher Gegend und solche, die von Frau *Gleichmann* (Kulmbach) gesammelt worden waren.

Im folgenden sind einige dieser Heilsegentypen aus dem bayrischen Franken wiedergegeben und es ist der Versuch gemacht, sie nach dem Inhalt etwas zu ordnen. Es sei noch einmal betont, daß es sich dabei sicher nicht um spezifisch fränkische handelt. Wie die Literaturangaben beweisen, finden wir sie fast alle in den verbreiteten Segensammlungen (z. B. im Albertus Magnusbüchlein), die meisten sind auch aus Norddeutschland (z. B. in der *Frischbier*schen Sammlung) nachzuweisen[1].

An den Anfang seien Heilsegen gestellt, die keine christlichen Elemente aufweisen. Dazu gehören verschiedene „Vergleichssegen": die Krankheit möge verschwinden wie der Wind usw.

Gegen das Schwinden der Glieder suche einen Stein unter der Trüpfe (Dachtraufe), merke dir, wie und auf welcher Seite derselbe dort lag, und bestreiche damit das kranke Glied abwärts, während du sprichst:

> Haut und Haar, Fleisch und Blut, Mark und Bein,
> Schwind nicht weniger als dieser Stein.

Das sei mir zur Buße gezählt. Im Namen Gottes usw.

Das geschieht dreimal nach einander, dann legt man den Stein an seinen früheren Ort in die vorige Lage[2].

Für den (sic!) Schmerzen: Schmerzen ich gebiete dir bey der Kraft Gottes, ziehe naus von Mark und von Fleisch so geschwind wie der Wind, wie der Fisch im Wasser wie der Vogel in der Luft.

Um Brandwunden zu heilen, reibt man die Wunde mit der Hand und spricht dreimal:

> Brand, verschwind
> Wie der Wind,
> Wie der Mond abnimmt.
> Das helfe mir. †††[3]

In einem handschriftlichen Brauchbüchlein aus Altenmuhr

---

[1] Alle folgenden Segen sind genau in der Schreibweise des Originals wiedergegeben.

[2] *Jäckel* 80; ebenso *Clauß* 25.

[3] *Clauß* 23.

(BA. Gunzenhausen), das den Schriftzügen nach zu schließen erst in neuester Zeit niedergeschrieben wurde, fand ich folgenden Segen gegen den Wurm:

Wurm, Wurm, aller Wurm Würmin, ich gebiete dir, daß du sterbest und nicht wieder lebendig wirst, daß (du) seisd wie ein Mann, der im Gericht sitzt und ein Urtheil spricht und doch ein besseres wist (wüßte).

Das soll wohl heißen, der „Wurm" ist ebenso todeswürdig wie ein ungerechter Richter.

Einen Vorgang aus der Natur betrifft wieder der folgende „Vergleichssegen".

Nimm von einem Bleichsüchtigen drei Tropfen Urin, tue es in ein Gläschen, vergrabe dies an einem Freitag um die Mitternachtsstunde unter einem Wacholderbusch[7] und spreche:

> Bleichsucht Du sollst weichen
> Und wie im Herbst das Laub verbleichen. †††[2]

Der Blutstillung dient folgender Segen:

> Blut steh still, du bist gehemmt,
> Du sollst nicht gehen, du sollst nicht schweren,
> Du sollst vergehen wie der Mist unter der Erde,
> Du sollst vergehen wie das Hirschenkraut,
> Du sollst vergehen in deiner Hand
> N. N. du bist zur Buß gezählt. †††[3]

Leider ist es mir nicht gelungen, das in diesem Segen genannte „Hirschenkraut" botanisch zu identifizieren. Es gibt verschiedene Pflanzen, die diese Bezeichnung führen, z. B. Aegopodium podagraria, Pastinaca sativa; ich kann jedoch bei all diesen Kräutern keine Beziehung zu dem Segen finden.

Zu den „epischen" (nichtreligiösen) Segen gehört der vom „Schlier" und vom „Drach". Unter „Schlier" versteht das Volk gewisse Drüsenanschwellungen. „Drach" ist der Rotlauf oder Milzbrand[4].

Wenn eins den Schlier hat, so muß man bei abnehmendem Mond, wenn dieser früh morgens aufgeht, dreimal hintereinander sprechen:

> Der Schlier und der Drach
> Gingen mit einander zum Bach
> Der Drach trank
> Und der Schlier versank[5].

---

[1] Der Wacholder erscheint häufig in derartigen Sympathiemitteln; vgl. *Marzell*, Unsere Heilpflanzen 1922, 23.

[2] *Marzell* 236.

[3] *Marzell* 236.

[4] *Höfler*, Deutsches Krankheitsnamenbuch 1899, 100, 581.

[5] *Clauß* 25, vgl. auch *Grimm*, Mythologie 1, 1115, 3. Aufl.

In vielen Fällen wird die Krankheit bzw. der leidende Körperteil personifiziert und dann auch entsprechend angeredet. So wurde mir 1913 aus der Erlanger Gegend folgender Segen mitgeteilt:

Sind bei einem kleinen Kinde Lunge, Herz und Rippen „verwachsen", so muß man dessen Brust mit nüchternem Speichel bestreichen und dazu sagen: „Anwachsen, Herzspann, Rükkun (?), Ollvater (Altvater = Paedatrophia), host gemant (gemeint), du willst mir mei Kind eigrom (eingraben), geh her, jetzt grob ich dich ei. Der Wolf ka Lunga, der Storch ka Zunga und die Turteltaum (Turteltaube) ka Gall, muß wieder alles gehn vorbei."

Die Turteltaube ohne Galle kommt auch noch in einem anderen Segen vor. Für das Lenten Geblüht (Lenden-Blut = Milzbrand mit Bluterguß im Mastdarm[1]).

Durteldaub ohne Galle Lentengeblüt fall, fall, fall eines (= hinein) ins tiefe Meer, das mein Ochs oder Kuh griechs Lentengeblüht nimmer mehr, nimmer mehr. Im Namen Gottes usw.[2]

Nach *Mansikka*[3] bezeichnet die „Taube ohne Galle" in der christlichen Symbolik sowohl Christus als die Mutter Gottes. Wie sie allerdings in dieser Bedeutung in den genannten Segen kommt, ist mir nicht recht verständlich. Auch die Blattern und die Bärmutter werden personifiziert gedacht. Will man etwas gegen die Blattern (wohl Augenblattern, Herpes corneae) tun, so muß man unbeschrien in den Mond schauen, am besten bei abnehmendem Mond und sprechen:

> Guck ich auf mei Erbhaus,
> Gucken tüchtiga Blattern raus,
> Guck ich auf und nieder,
> Vergenga die Blattern wieder.

Gegen Grimmen oder (Gebärmutter-) Kolik:

> Ein alter Schurm Kopf (?)
> Ein alter Leibrock
> Ein Glas voll Rautenwein
> Bärmutter laß dein Grimmen sein[4].

Ein homöopathischer Segen sozusagen ist folgender, der mir aus Wettelsheim (BA. Gunzenhausen) vor einigen Jahren mitgeteilt wurde.

Für den Rotlauf.

Ich ging durch einen roten Wald, in dem roten Wald, da war eine rote Kirche und in der roten Kirche, da war ein roter Altar und auf dem

---

[1] Vgl. *Höfler*, a. a. O. 624.
   Marzell 237.
[3] Über russische Zauberformeln usw. 73.
[4] *Marzell* 235.

roten Altar, da lag ein rotes Brot und bei dem roten Brot, da lag ein rotes Messer. Nimm das rote Messer und schneide das rote Brot[1].

Ähnliches gilt von dem folgenden Segen gegen Lendengeblüt (Milzbrand mit Bluterguß im Mastdarm) und Haarwinden (Harnwinde, Strangurie).

Geht ein Männlein in das Holz. Was hat es auf seiner Achsel? Eine blutige Hacken. Was tut es mit der blutigen Hacken? Es heit (haut) sie in eine blutige Rinden. Das ist gut für Lentengeblüt und für die Haarwinden, die muß verschwinden. Das helf Gott Vater usw.[2]

Wenden wir uns jetzt der großen Gruppe der „religiösen" Segen zu! In erster Linie erscheint hier Christus, Gott Vater, der Heilige Geist und Maria. Heilige treten seltener auf. Oft betreffen derartige Segen Szenen aus dem Leben Jesu wie der sehr verbreitete Wundsegen:

> Glückselige Wunde!
> Glückselige Stunde!
> Glückselig ist der Tag,
> Da Jesus Christus geboren ward.
> Im Namen usw.[3]

Aus Oberfranken ist der auch sonst nicht seltene Blutstillsegen aufgezeichnet:

> Blut stehe still!
> Wie Jesus am Fluß Jordan stille stand
> So sollst auch du stille stehen.
> Im Namen usw.[4]

Weniger verbreitet scheint der folgende Blatternsegen zu sein:

Da unser Herr Jesus an die Sonne trat, da er für die 77erlei Blattern bat, da bat er für die Heißblattern, für die Schweißblattern, für die Augenblattern, für die Schwarzblattern, für die roten Blattern, für die 77erlei Blattern[5].

Weitaus am häufigsten sind jedoch solche Segen, die das bittere Leiden und Sterben Christi betreffen.

Den Schmerzen zu nehmen an einer frischen Wunden. Unser lieber Herr Jesus Christ hat viel Beulen und Wunden gehabt, und doch keine verbunden, sie jähren nicht, sie geschwähren nicht, es gibt auch kein Eyter nicht. Jonas (richtig: Tobias) war blind sprach ich das himmlische Kind, so wahr die heilige 5 Wunden seyn geschlagen, sie gerinnen nicht, sie ge-

---

[1] Ebenso *Albertus Magnus* 1, 7.

[2] *Marzell* 240, ein ähnlicher Segen bei *Jäckel* 61 gegen „Haarschwinden" (mißverstanden für Harnwinde!).

[3] *Jäckel* 60, 64; vgl. auch *Albertus Magnus* 1, 40.

[4] *Jäckel* 63; ähnliche Segen führt *Frischbier* 38 aus Ostpreußen auf, hier heißt es aber, daß der Fluß Jordan stille stand.

[5] *Jäckel* 62.

schwähren nicht, daraus nehm ich Wasser und Blut, das ist vor alle
Wunden Schaden gut, heilig ist der Mann, der allen Schaden und Wunden
heilen kann[1].

Auch der „Longinussegen" gehört hierher:

Gott hat erschaffen Wasser und Wein,
Daß der Schad soll gesegnet sein
Von innen und außen, daß dem Schaden geschech
Wie Longinus Jesum durch seine rechte Seite stach,
Daß der Schaden nicht blut und fang nicht Eiter,
Und schwür nicht weiter[2].

Auch der in ganz Deutschland verbreitete „Jerusalemsegen"
findet sich in dem bereits oben erwähnten Brauchbüchlein aus
Altenmuhr (b. Gunzenhausen). Er dient gegen verschiedene Krankheiten.

Jerusalem du jüdische Stadt,
Darin Jesus gemartert ward
Zu Wasser und zu Blut,
Das ist für alle Wirm (Würmer), Feifel (Drüsenanschwellung der
Pferde) oder Darmgicht gut[3].

Als Abschluß dieser „Passionssegen" noch einer gegen Kropf
und Überbeine:

Kropf du sollst zurückgehen,
Du sollst verschwinden,
Wie die Wiese geworden,
Da unser Herr Christus am Kreuz gebunden[4].

Heilige treten, wie schon erwähnt, etwas seltener auf. Es sei
hier ein Segen gegen die Blattern im Auge bei Mensch und Vieh
angeführt:

Heilige Anna, heilige Susanna
Treib das Fehl (= Augenfell) und die Blattern von danna[5].

Die heilige Anna gilt ja auch als Patronin der Augenkranken.
Annabrünnlein werden im Volke verehrt, weil ihr Wasser Blinde
sehend gemacht haben soll[6]. Die hl. Susanna wird (vielleicht auch
wegen des Reimes) öfter zusammen mit der hl. Anna genannt[7].

---

[1] *Marzell* 237; ein sehr häufiger Segen, vgl. *Jäckel* 65, *Schmutzer* 58,
Ebermann 52 ff., *Seyfarth* 132, *Albertus Magnus* 1,53; 3,53, Romanusbüchlein 14.

[2] *Clauß* 27, vgl. auch *Albertus Magnus* 1,10.

[3] Vgl. auch *Clauß* 30, *Albertus Magnus* 1, 39.

[4] *Jäckel* 76, 80.

[5] *Jäckel* 62, vgl. auch *Marzell* 239.

[6] Hwb. D. Abergl. 1, 450.

[7] *Ohrt*, Da signed Krist 77.

Bedeutungsvoll erscheint mir der weitverbreitete Segen[1] vom „Petrus unterm Eichenbusch". Er ist auch in Franken[2] häufig und lautet:

Gegen das Zahnweh. St. Peter stand unter einem Eichenbusch. Da sprach unser lieber Herr Jesus Christ zu Petrus: Warum bist du so traurig? Petrus sprach: Warum sollt ich nicht traurig sein? Die Zähne wollen mir im Munde verfaulen Da sprach unser lieber Herr Jesus Christus zu Petrus: Peter hin in den Grund und nimm Wasser in den Mund und speie es wieder aus in den Grund. Im Namen usw.

Die Eiche war bekanntlich der Baum des Gottes Donar und es ist fast zu vermuten, daß in dem eben genannten Segen der hl. Petrus an Stelle des heidnischen Donnergottes getreten ist, etwa ähnlich wie an Stelle der hessischen Donareiche eine Peterskirche errichtet wurde[3]. Auch manche der sog. „Begegnungssegen" zeigen mehr oder minder deutlich heidnische Anklänge. In ihrer Form erinnern sie teilweise an den oben erwähnten zweiten Merseburger Zauberspruch, der damit beginnt, daß Phol und Wodan zu Holze (Wald) fuhren. In dem Altenmuhrer Brauchbüchlein steht folgender Segen „vor das Darmgicht":

Sangt Petrus und Elias giengen über Land. Begegnet ihnen unser Herr Jesus Christ. „Sangt Petrus und Elias wo wolt ihr hin, daß ihr so traurig seyd?" „Warum sollen wir nicht traurig seyn, haben wir das Darmgicht und die Harnwind schon in die 44 Wochen hinein." Sangt Petrus und Elias bucket sich nider auf die erden und wurfen die erden über sich hinüber, daß das Darmgicht und die Harnwind wider forthgang.

Der Segen scheint zu den seltneren zu gehören, wenigstens konnte ich ihn sonst nirgends nachweisen. In deutschen Wundsegen kommt Elias ebenfalls vor[4].

Manchmal ist es auch die personifizierte Krankheit selbst, die den Heiligen begegnet. Hier wäre ein Segen gegen das Gefraisch (Convulsiones infantium) zu nennen, der aus Oberfranken stammt[5].

Gott der Herr und der heilige Petrus gingen miteinander über die Haide. Da begegnete ihnen das Gefraischlein. Spricht gott der Herr: Gefraischlein, Gefraischlein! wo willst du hin? Ich will in das Haus brechen, will Fleisch fressen, will Blut lassen, will zwischen Vater und Mutter trauriges Herz machen. Spricht gott der Herr: Gefraischlein, Gefraischlein! Dies sei dir verboten. Fahre aus diesem Kinde und komme zu diesem Kinde nimmermehr.

---

[1] Z. B. *Albertus Magnus* 1, 53; Romanusbüchlein 30; *Schmutzer* 60; *Zahler* 242; *Frischbier* 90; *Seyfarth* 110; *Ohrt*, Da signed Krist 185.

[2] *Jäckel* 84; *Marzell* 238.

[3] *Simrock*, Hb. dtsch. Mythol., 4. Aufl. 1874, 269.

[4] Hwb. dtsch. Abergl. 2, 782; vgl. auch *Ohrt*, Da signed Krist 69.

[5] *Jäckel* 70.

Ganz ähnlich ist der „Frieselsegen"[1]:

Der Friesel ging über Land. Da begegnete ihm der Herr Christus und fragte den Friesel: Friesel, wo willst du hingehen? Der Friesel sagte: Ich will in den Menschen gehen. Was willst du in dem Menschen? Ich will Ihm groß Leid bringen; ich will sein Fleisch fressen; ich will sein Blut schwächen. Nein! Friesel, das sollst du nicht tun; das verbiet ich dir im Namen Christi. Du sollst in den grünen Wald gehen und sollst greifen und würgen Tag und Nacht bis an den jüngsten Tag. Das helfe mir N. N. im Namen Gottes usw.[2]

Als letzter der Begegnungssegen ein oberfränkischer „Gichtsegen"[3]:

Es ging ein Gichtmann und eine Gichtfrau über einen grünen Weg und über einen schmalen Steg. Da lag am Fenster der liebe Herr Christ. Da fragte er sie: Lieber Gichtmann, wo willst du hin? Ich will in jenen Menschen und will ihn zerreißen und zerren. Mein Gichtmann und Gichtfrau! Das sollst du nicht tun. Dort in jenem Wald ist ein dürrer Ast, den sollst du zerreißen und zerrennen und nicht nachlassen, bist du ihn verderbet hast. Das helfe mir Gott Vater usw.

In den beiden letzten Segen wird die Krankheit in den Wald, den Aufenthaltsort der Geister, gebannt. Wir erinnern uns hier auch an das so häufige Übertragen der Krankheiten auf Bäume.

Schließlich wäre noch eine Gruppe von Segen zu nennen, die man kurz als „Dreisegen" bezeichnen kann. Es werden darin *drei* Dinge (Würmer, Schlangen, Rosen, Glocken, Stunden usw.) genannt. Recht häufig ist z. B. der „Drei-Rosen-Segen", der in verschiedenen Formen im Umlauf ist. Meist dient er zur „Blutstellung":

Auf meines Herrn Grab stehen drei Rosen. Die eine heißt: Weiß, die andere heißt: Rot, die dritte heißt: Blut steh still! Wenns Gott haben will[4].

Oder: Das Blut zu stillen, wenn man nur den Namen weiß.

Es liegen drei Rosen unter unsres lieben Herrn Gottes Herz. Die erste war die Demut, die andere die Sanftmut, O Blut, steh bei dem N. N. still, was der liebe Gott von dir haben will[5].

Gegen den Gliedschwamm wird der „Drei-Schlangen-Segen" gebraucht.

Gott der Herr ging über das Land. Da liegen drei Schlangen da: die eine schläft, die andere wacht, die dritte verschwind. Gliedschwamm unter meiner rechten Hand verschwind! Im Namen usw.[6]

---

[1] Zu „Friesel" vgl. *Höfler*, Krankheitsnamenbuch 169.
[2] *Jäckel* 69.
[3] *Jäckel* 72.
[4] *Jäckel* 64.
[5] *Clauß* 33, ebenso *Albertus Magnus* 2, 10.
[6] *Jäckel* 73.

Eine andere Version dieses Segens lautet:

Gott ging über Land. Da begegneten ihm drei Schlangen, die waren lang. Die eine lief, die andere sprang, die dritte verschwand. Gliedschwamm verschwind mir unter meiner rechten Hand[1].

Der „Drei-Glocken-Segen" wird sowohl gebraucht, um das „verlorene Gehör wiederzubringen" als auch gegen Rotlauf und (im Samland) gegen Zahnschmerzen. Das erste ist jedenfalls das Primäre:

> Drei Kloken hör ich klingen
> Drei Psalmen hör ich singen
> Drei Evangelium hör ich lesen,
> Gott helf mir genesen[2].

Auf vorchristliche Anschauungen (die drei Parzen?) dürften die „Drei-Frauen-Segen" zurückgehen[3]. Nach *Mansikka*[4] dagegen sind auch diese Segen christlich, nach ihm müßten sich die heidnischen Nornen in christlichen Segen in menschenfeindliche Wesen verwandelt haben. Die „drei Frauen" des Segens sind jedoch hilfreich und fromm.

Ein „Drei-Frauen-Segen" ist folgender Segen „für die Behrmutter" (zunächst Gebärmutterkolik, dann wohl Kolik überhaupt):

> Es sitzen drei Weiber im Sand,
> Sie haben des Menschen Gedärm in der Hand.
> Die erste regt,
> Die zweite schließts,
> Die dritte legts wieder zurecht[5].

Aus einem oberfränkischen Brauchbuch stammt folgender Segen gegen den Brand:

> Es stehen drei Jungfern auf dem Wasser,
> Die erst(e) walgt (walkt),
> Die andere mangt (= glättet die Wäsche),
> Die dritte löscht den Brand.
> Im Namen Gottes usw.[6]

Die drei waschenden Jungfrauen kommen auch sonst noch in deutschen Segen vor[7].

Rein christlich ist wiederum der „Drei-Stunden-Segen". Er scheint vor allem der Blutstellung zu dienen.

---

[1] *Clauß* 32.

[2] *Marzell* 240; ähnliche Segen bei *Seyfarth* 91 ff.; *Jäckel* 79; *Frischbier* 101.

[3] Vgl. auch *Ebermann* 80 ff.; *Seyfarth* 115 ff.

[4] Über russische Zauberformeln 202.

[5] *Clauß* 31.

[6] *Marzell* 239.

[7] Vgl. *Frischbier* 48; *Ebermann* 84.

lst das nicht eine glückhafte Stund, da Jesus Christus geboren war?
Ist das nicht eine glückhafte Stund, da Jesus Christus gestorben ist?
Ist das nicht eine glückhafte Stund, da Jesus Christus wieder auf-
erstanden ist?
    Diese drei glückseligen Stunden
Stillen dein Blut und heilen deine Wunden
Daß sie nicht geschwellen oder schwären
Und in 3 oder 9 Tagen werden heil werden.

Der älteste Segen, von dem in der Antike die Rede ist, dürfte der eingangs erwähnte Blutstellungssegen sein, mit dem die Wunde des Odysseus besprochen wurde. Leider ist uns sein Wortlaut nicht überliefert. Aber der Beschwörer wird ihn nicht mit weniger Ernst gemurmelt haben als jetzt im bayrischen Franken irgendein heilkundiger Schäfer oder eine weise Frau den letzten in dieser Abhandlung angeführten Blutstellungssegen. Jahrtausende liegen dazwischen. Die Grundanschauung ist dieselbe geblieben: der Glaube an die Kraft des gesprochenen Wortes bei der Heilung von Krankheiten. Es wäre natürlich von größter Bedeutung, dem Ursprung obiger Segensformeln näher nachzugehen, sie in früheren Jahrhunderten nachzuweisen. Viele davon haben bestimmt ein sehr hohes Alter. Es ist nicht zu bezweifeln, daß die gedruckten Segen des Albertus Magnusbüchleins auf alte schriftliche Aufzeichnungen oder alte mündliche Überlieferung zurückgehen. Auch wäre die Feststellung von Wichtigkeit, welche Segen wirklich aus dem Volke stammen und welche rein „literarisch" sind. Auf diese Fragen soll hier jedoch nicht näher eingegangen werden. Die Arbeit wollte lediglich Proben aus dem Heilsegenstoff des bayrischen Frankens geben.

Literatur:

Albertus Magnus bewährte und approbierte sympathetisch und natürliche egyptische Geheimnisse für Menschen und Vieh. 20. Aufl. Toledo (fingierter Verlagsort!) o. J. 4 Teile.

Clauß, H.: Volksmedizin und Aberglauben aus Franken und Schwaben. In Blätter zur bayerischen Volkskunde 2. Würzburg 1913, 12—36.

Ebermann, O.: Blut- und Wundsegen in ihrer Entwicklung dargestellt. Berlin 1903 (Palaestra 42).

Frischbier, H.: Hexenspruch und Zauberbann. Ein Beitr. z. Geschichte des Aberglaubens in der Provinz Preußen. Berlin 1870.

Handwörterbuch des Deutschen Aberglaubens. Hrsg. von *H. Bächtold-Stäubli.* Berlin und Leipzig 1927 ff.

Höfler, M.: Deutsches Krankheitsnamenbuch. München 1899.

Jäckel, A. J.: Aphorismen über Volkssitte, Aberglauben und Volksmedizin in Franken, mit besonderer Rücksicht auf Oberfranken. In Abh. Naturhist. Ges. Nürnberg 2, 148—258 (1861).

Mansikka, V. I.: Über russische Zauberformeln mit Berücksichtigung der Blut- und Verrenkungssegen. Akademische Abhandlung Helsingfors 1909.

Marzell, H.: Segen und Beschwörungen aus Oberfranken. In Heimatbilder aus Oberfranken 2, 233—245 (1914).

Ohrt, F.: Da Signed Krist —. Tolkning af det religiøse indhold i Danmarks signelser og besvaergelser. København 1927.

Romanusbüchlein. Verlagsdruck von E. Bartels, Weißensee bei Berlin.

Schmutzer: Alte Medizin in der Gegenwart. In Bl. bayrisch. Volksk. Würzburg. 1, 52—64 (1912).

Seyfarth, C.: Aberglaube und Zauberei in der Volksmedizin Sachsens. Leipzig 1913.

Zahler, H.: Die Krankheit im Volksglauben des Simmenthals. In 16. Jber. Geogr. Gesellschaft von Bern 1897, 133—260.

Mittelalterliche Einzeltexte zur Beulenpest vor ihrem pandemischen Auftreten 1347/48.

Ein Überblick von **Karl Sudhoff**, Leipzig.

Meine vieljährigen Untersuchungen zur Pestliteratur seit den Jahren des „großen Sterbens" bis zum Ende des Mittelalters bedürfen einer kleinen Ergänzung nach rückwärts, ehe man etwas Abschließendes über das früher von mir und einigen andern gesammelte und bekanntgegebene Material sagen könnte. Sie bedürfen einer ergänzenden Nachschau über das, was etwa in den vorhergehenden Jahrhunderten an spezieller Pestliteratur entstanden ist oder doch bekannt geworden und zur Verwendung gekommen war.

Man könnte als terminus post quem die große Pest des Justinian (532—594) herausgreifen. Aber es ist ja damit bekanntlich eine besondere Sache. Nicht nur lassen sich von ihr kaum Schilderungen aus ärztlicher Feder finden, noch knüpft sich an sie irgend so was wie eine ärztliche Spezialliteratur. Nicht als wenn man dies alles als so recht vollgültig nehmen dürfte. Aber es empfiehlt sich doch fürs erste, sich mit einem „Non liquet" hier zu begnügen — wenigstens, solange man nichts ernsthaftes Tatsächliches dazu neu vorzubringen hat.

Fehlt es denn aber wirklich vom 6. bis zum 14. Jahrhundert völlig an Einzeltexten über die Pest, auch wenn sich nichts derart an die großen Pestgänge zur Zeit des Kaisers Justinian anknüpfen läßt? Völlig Vergleichbares mit jener Spezialliteratur über die Pestseuche vielleicht nicht, wie sie mit der Mitte des 13. Jahrhunderts einsetzte und bis ins 17. Jahrhundert in Blüte stand, wenn es auch großenteils taube Blüten gewesen sind, die sich ans Licht drängten. Von solchem Wuchern und Treiben ist vor den Zeiten des „schwarzen Todes" nichts zu merken. Begnügen wir uns an gefundenen Einzelstücken aus der Handschriftensuche zu zeigen, was war!

* * *

Als Stimme über die Pest aus der Reihe antiker ärztlicher
Autoren hört man gelegentlich von *Rufos*, dessen Schriftstellerei
in die Tage Kaiser Trajans fällt (98—117 n. Chr.). Doch findet
sich ein Pesttext des Ephesiers *getrennt* nur selten in den Handschriften. Griechisch anscheinend überhaupt nicht und auch lateinisch ist mir nur ein einziges Stück in die Hand gekommen, das
nämliche, das auch bei *Diels* in den Handschriften der antiken
Ärzte (II, S. 91) aufgeführt wird. Es entspricht im wesentlichen
dem, was *Daremberg*[1] unter den Auszügen aus Aëtius als Nr. 69,
S. 351—354 Περὶ λοιμοῦ überliefert. Im Codex Vaticanus 3900
lautet der Pesttext des *Rufos*, Bl. 31—32 folgendermaßen:

Ex scriptis Rhuphi de pestilentia.

Grauissima omnia in pestilentia contingere possunt et nihil priuatum
sicut in singulis morbis. nam et desipienciae incidere possunt et bilis uomi-
tiones et praecordiorum tentiones et dolores et sudores multi et refrigera-
tiones extremorum et uentris fluxus biliosi, tenues, flatuosi et urinae aquo-
sae, tenues, biliosae, nigrae cum malis sediminibus et his quae in sublimi
innatant pessimis. narium stillationes, ardores pectoris, linguae exasperatae
sitibundi, cibum fastidientes, uigiles, conuulsiones uiolentae et alia multa
mala. quod si quis futuram pestilentiam coniiciat animaduertens tempora
anni male respondere et studia hominum ad sanitatem minime conducere
et ceteras animantes mori, ubi haec animo uersauerit illud quoque cogitet,
quale sit anni tempus et qualis totus annus. hinc eninn rationem uictus ut
optime constituat inueniet, ut si tempus anni, quod si recte procederet, sic
cum esset nunc sit humidum, necesse est omni victus ratione siccare, ut
superans humor absumatur. habenda etiam cura est uentris, ut quibus su-
perior uenter pituitam continet, uomitionibus euacuetur. quibus autem
sanguis superat, iis uena secetur. bona est etiam purgatio per urinam omnes-
que aliae, tum illa etiam quae per totum corpus fit. quod si aeger ceu ardeat
et flamma ad pectus usque perueniat, non ab re fuerit pectori refrigeria
admouere et potum frigidum ex libere, non quidem paulatim, magis enim
accendit sed multum simul, ut flammam extinguat. quod si ardor interiora
occupat, extrema autem et summa cutis frigent et praecordia tenduntur et
uenter colliquamenta partim sursum partim deorsum mittit et uigilia adest
et desipientia et linguae asperitas. his opus est fomentis calidis, ut calor
toto corpore attrahatur et quouis alio modo calorem ab interioribus euocare
ad exteriora. propinandum illud quoque est: aloes partes duae, ammoniaci,
thymiamatis partes duae, myrrhae pars una, tritum ex vino odorato dandum
est, fere cyathi dimidium singulis diebus. nescio inquit Rhuphus, quis hac
potione a pestilentia non euaserit. Haec certe Rhuphus, Galenus uero ait,
aduersus pestilentes putredines armeniacam glebam ebibitam et similiter

---

[1] Oeuvres de Rufus d'Ephèse . . . commencée par . . . *Ch. Daremberg* . .
terminée par *Ch. Emile Ruelle*, Paris 1879.

theriacam ex uiperis magnopere prodesse, quippe in pestilentia urbis Romae, quos inquit neutrum horum uiuit, omnes mortni sunt.

Das stimmt im wesentlichen mit den im Zusammenhang überlieferten griechischen Texten[1]. Das Schlußrezept des *Rufos* bringt ausschließlich *Paulos der Aiginete* nach Daremberg (a. a. O. S. 439/40), bei dem es wie folgt lautet:

χρηστὸν δὲ καὶ τοῦτο προπότισμα· ἀλόης μέρη β', ἀμμωνιακοῦ θυμιάματος μέρη β', σμύρνης μέρος ἕν, τοῦτο λειώσαντες ἐν οἴνῳ εὐώδει δοτέον, ὅσον κυάθου ἥμισυ, δηλονότι καθ᾽ ἡμέραν. Οὐκ οἶδα (φησὶν ὁ Ῥοῦφος) ὅστις μετὰ τούτου τοῦ ποτοῦ οὐχ ὑπερδέξιον ἐγένετο τοῦ λοιμοῦ· ταῦτα μὲν ὁ Ῥοῦφος.

Bei *Paulos* steht im 35. Kapitel des 2. Buches aber auch noch das Weitere über bzw. aus Galenos[2]:

ὁ δὲ Γαληνός φησὶν πρὸς τὰς λοιμικὰς σηπεδόνας Ἀρμενιακὴν βῶλον πινομένην, ὁμοίως δὲ καὶ τὴν δι᾽ ἐχιδνῶν θηριακήν, μεγάλως ὠφελεῖν. ἀμέλει κατὰ τὸν ἐν Ῥώμῃ λοιμόν φησίν, ὅσους μηδέτερον τούτων ὠφέλησε, πάντες ἀπέθανον.

Wir haben damit gleichzeitig die Herkunft des Textes der lateinischen Rufosstelle über die Pest aufgedeckt; sie stammt aus dem *Paulos* von dessen ὑπόμηνα wohl nicht nur das 3. Buch früh ins Latein vertirt wurde[3], sondern auch, wie wir sehen, Stücke des 2. Buches, wofür dieser Splitter im Vaticanus lat. 3900 ein Beleg zu sein scheint. Namentlich der therapeutische Schluß hatte ja lebendigste Nachwirkung auch im Abendlande.

Für die Pestkunde von höchster Wichtigkeit ist auch das 17. Kapitel des 44. Buches der *συναγωγαί* des Oribasios *Περὶ βουβῶνος ἐκ τῶν Ῥούφου*[4], in welchem auch *οἱ λοιμώδεις καλούμενοι βουβῶνες θανατωδέστατοι καὶ ὀξύτατοι*, die man besonders in Libyen, Ägypten und Syrien beobachtet habe, geschildert werden. Es beweist, daß schwere Beulenpest-Epidemien schon vor der des Justinian be-

---

[1] Vgl. auch den Paulos-Auszug aus Rufos bei *Daremberg* a. a. O. S. 439 f. und das 25. Kapitel des VI. Buches der Synopsis des *Oribasios Περὶ λοιμοῦ. Ἐκ τῶν Ῥούφου* ed. *Daremberg* V S. 300—303 (ed. Raeder III S. 199 f. Lips. 1926) und Aëtii liber V. Cap. 95, ed. Basil. lat. 1542, p. 246 De peste Rufi.

[2] Paulus Aegineta ed. I. L. Heibeᵤ, Lipsiae 1921, pars I p. 109.

[3] Vgl. Pauli Aeginetae libri tertii interpretatio latina antiqua edidit Heiberg, Lipsiae 1912.

[4] Oeuvres d'Oribase par *Bussemaker* et *Daremberg*, Tome III S. 607/8; cf. Osann, Fridericus, de loco Rufi Ephesii . . . apud Oribasium servato sive de peste Libyca disputatio, Gissae 1833. 4⁰, pag. 19, und *Angelo Mai*, Class. auctores Tom. IV S. 11/12, der den gleichen Vaticanus benutzt.

obachtet worden sind. Lateinische Übersetzungen der Frühzeit
sind hiervon leider nicht bekannt geworden.

* * *

Doch gehen wir zum abendländischen Mittelalter über!

Wenn das 37. Kapitel des angeblichen *Beda*-Buches „De natura
rerum" über die „Pestilentia" besagt:

Pestilentia nascitur ex aere, vel siccitatis vel caloris vel phuviarum intemperantia pro meritis hominum corrupto: qui spirando vel edendo perceptus luem mortemque generat. Unde saepius omne tempus aestatis in
procellas turbinesque brumales verti conspicimus. Sed haec cum suo tempore venerint, tempestates: cum vero alias, prodigia vel signa dicuntur.

so haben wir damit so ungefähr die epidemiologischen Grund-
anschauungen des frühen Mittelalters, sagen wir einmal zu Beginn
des 8. Jahrhunderts, vor uns.

Isidor hatte dem Altertum im 4. Buche seiner Etymologien VI,
17—19 folgendes kompilierend entnommen:

Pestilentia est contagium quod dum unum adprehendesit, celeriter ad
plures transit. Gignitur enim ex corrupto aere et in visceribus penetrando
innititur. Hoc etsi plerumque per aerias potestates fiat, tamen sine arbitrio
onnipotentis Dei omnino non fit. Dicta autem pestilencia quasi pastulentia,
quod velut incendium depascat, ut [Virg. Aen. V. 683]
    Toto descendit corpore pestis.
Idem et contagium a contingendo, quia quemquem tetigerit, polluit. Ipsa
et inguina ab inguinum percussione. Eadem et lues a labe et luctu vocata,
quae tanto acuta est ut non habeat spatium temporis quo aut vita speretur
aut mors, sed repentinus languor simul cum morte venit.

Selbständiger gefaßt gibt *Isidor* im Buche „De Natura rerum"
Kap. 38, die überkommene Lehre wieder, zum Teil mit den gleichen
Worten:

Pestilentia est morbus late uagans et contagio suo paene omnes polluens
quos tetigerit. Haec enim aegritudo non habet spatium temporis quo aut
uita speretur aut mors sed repentinus languor simul cum morte uenit. Quae
sit uero causa huius pestilentiae, nostri dixerunt: „Quando pro peccatis
hominum plaga et corruptio terris inicitur tunc aliqua ex causa — id est
aut siccitatis aut caloris ui aut pluuiarum intemperantia — aer corrumpitur
sicque naturalis ordinis perturbata temperie inficiuntur elimenta et fit
corruptio aeris et aura pestifera oritur et corruptelae uitium in homines
ceteraque animantia." Unde et Virgilius:
    Corrupto caeli tractu miserandaque uenit
    Arboribusque satisque lues.
Item alii aiunt pestifera semina rerum multa ferri in aerem atque
suspendi et in extremas celi partes aut a uentis aut a nubibus transportari.
Deinde quaqua feruntur aut cadunt per loca et germina cuncta ad ani-

malem necem corrumpunt, aut suspensa manent in aere, et cum spirantes trahimus auras, illa quoque in corpus pariter absorbemus, atque inde languescens morbo corpus aut ulceribus tetris aut percussione subita exanimatur. Sicut enim caeli nouitate uel aquarum temptari aduenientium corpora consueuerunt adeo ut morbum concipiant, ita etiam aer corruptus ex aliis caeli partibus ueniens subita clade corpus corrumpit atque repente uitam extinguit.

Damit haben wir schon teilweise die literarische Quelle Pseudo-Bedas aufgedeckt. Was *Rhaban* von Mainz (*Rhabanus Maurus*) in seiner Enzyklopädie „De univero“ über die Pest bringt, deckt sich mit *Isidor* in den Etymologien.

*   *   *

Wie lange *Isidor-Beda* literarisch lebendig blieben, darauf nur ein Hinweis aus der Allgemeinliteratur![1]

In des *Honorius von Autun* (Augustodunensis), eines Pseudonymus, der im Anfang des 12. Jahrhunderts bei Regensburg a. d. Donau gelebt haben soll, Schrift De imagine mundi trifft man im 66. Kapitel auf folgende Ausführung über die Beulenpest:

Pestilentia nascitur aere siccitate, vel calore, vel tempestate corrupto, quî spirando vel edendo perceptus, luem mortemque generat. Hoc totum quod dixi infra lunam fit in aere, superius vero semper serenum extitit.

Das klingt an *Beda* deutlich an. Ob *Hugo von St. Viktor*, der geniale Niedersachse aus dem Geschlechte der Grafen von Blankenburg ein halbes Jahrhundert später auch über die Pest selbstständigere eigene Gedanken hatte, wie es diesem eigenwüchsigsten naturphilosophischen Denker aus dem 12. Jahrhundert (1096—1141) wohl zuzutrauen wäre, vermag ich nicht zu sagen. In den drei Bänden seiner Werke bei *Migne* 175, 176 und 177 (Paris 1879 u. 1880) fand ich bisher kein Wort über Pest.

Ein auffallend geringer Einfluß geht in der Pestliteratur vor der Katastrophe des „schwarzen Todes“ von Konstantin „des Afrikaners“ Schriftwerk aus. Und doch ist daran eigentlich nichts Verwunderliches. Denn in der Pantechne, dem Brevier der praktischen Medizin des Abendlandes bis ins 13. Jahrhundert spielt die Beulenpest keine in die Augen fallende Rolle. Die in Frage kommenden Kapitel 4—6 des 8. Buches der Theorica über die putriden Fieber sind rein doktrinär gehalten und auch die Kapitel 29 und 30 des 3. Buches der Practica Pantagni rühren nicht ernsthaft an das Pestproblem. Das wird erst anders mit dem Einströmen der Hochflut arabischen Wissens von Toledo her seit dem Beginn des 13. Jahrhunderts, nicht nur, wie selbstverständlich, bei den

---

[1] *Migne,* Patrologia latina Vol. 172. Paris 1854, Spalte 138.

Medizinern, sondern auch bei den Enzyklopädisten polyhistorischer Richtung, auf die ich nicht eingehen kann. Bei den Ärzten greift die Herrschaft des *Razes* und des *Avicenna* in deren gewaltigem klinischen Wissen schnell um sich. Hier soll nur von pestmonographischer Ärzteliteratur die Rede sein.

Einer Pestschrift, angeblich des 12. Jahrhunderts, wird in der Histoire littéraire de la France Erwähnung getan (Bd IX, S. 193), eines „Commentaire sur la peste", als dessen Verfasser ein *Clodius Cervianus* genannt wird, „Provençal de naissance et médecin de la Reine Éleonore" (1122—1204), der auch als Verfasser eines „éloge de l'Astronomie et un autre de la Géographie" gilt, an sich für einen Pestautor des Mittelalters nicht allzuferne Liegendes. Es ist mir nicht gelungen, etwas weiteres über dieses Pestschriftchen oder dieses selbst aufzufinden.

Glücklicher war ich in der Suche nach einem „Regimen in peste", das zu Anfang des 13. Jahrhunderts oder gar noch Ende des 12. aufs Pergament gebracht sein sollte. Es wollte mir zwar anfangs noch entgleiten, schließlich wurde ich aber doch seiner habhaft im Ms 21 364/21 367 der Königlichen Bibliothek zu Brüssel, Blatt 16 verso. Ich teile seinen Wortlaut an Hand einer mir gütig von der Leitung dieser Bibliothek gestatteten Photographie in folgendem mit:

Regimen in peste:

Oportet tam pro egris quam pro preseruandis aerem rectum et aptum reddere ac tempore calido cum rebus frigidis et odoris [!], vt sunt extrema arborum et herbarum frigidarum et rorationes ex aqua rosata, aceto, aqua camphora⟨ta⟩ que optima est omnium ad hoc, sandali, salices. Ex his etiam rebus trocisci et rob facta administrentur et in cibo et potu et odore ⟨thuris et storacis et costi⟩[1], salices, vites et maciana et spargantur in domo, que sit ex se frigida et ventis bonis exposita, quantum fieri potest. Omni cibo quantum fieri potest vtendum rebus acetosis et aceto ac vniuersaliter omnibus in quibus acetum intrat, vt roob fructuum acetosorum et ponticorum, succi uue acerbe, ribes, granatorum et malorum acetosorum, succi sumac rob, etiam acetositatis citri. Vitentur ⟨pro egris⟩[2] vinum, fructus recentes, omnes res dulces, confectiones omnes ex melle facte, balnea, carnes, precipue egris, sed si vsus necessitas adsit, galli, perdices masculi, edus vitulus cum aceto et vue acerbe succo. Minuatur protinus sanguis, si exuberet, vitetur sollicitudo omnis, labor, coitus, sol, ieiunium, sitis, omnia calefacientia vehementer, ideo et vinum temp⟨er⟩are oportet; vsus aque ordei perutilis est, precique corporibus calidis et siccis et potus aceti cum aqua frigida. Optima omnium cautionum, vt ait Rasis, ex loco

---

[1] ⟨—⟩ Übergeschrieben und beigesetzt am Zeilenende.

⟨—⟩ Zwischen den Zeilen später übergesetzt.

tempestiue abire, si nequit, vitet omnem congressum morbosorum stetque
in loco ⟨nisi⟩[1] alto, bonis ventis exposito, ubi non sit aer multus. Teneatur
corpus mundum ab omni superfluitate quantum fieri potest. Ob hoc cibos
acetosos desiccantes et pauce quantitatis sumere oportet et omnino cibi
omnes putredinem generantes vitandi sunt et chimos grossos atque malos,
vt pisces, uue, carnes antiqui, sed si nec tempus calidum esset, nec morbi
calidi, ad opposita ire oportet in odoribus et cibis calefacientibus et ex⟨s⟩ic-
cantibus vt muscus, lignum aloes, storax et similia aromata, et in summa
oportet et aerem et alia rectificare secundum temporum naturas. Sumatur
pro preseruatione ab initio medicina que ab Auicenna, Averroi et Paulo
et aliis, Rasi etiam; fit ex aloe, croco et mirra drachm. 1, cum vsu optime
tiriace. Cordialia quoque et obstantia venenis sumenda sunt, vt sunt nuces in
aceto posite, vel per se vel cum ficubus siccis et ruta, vinum odor⟨iferum⟩,
tiriaca, metridatum, potio muscata, letitia Galieni, diambra, diamargariton,
alipta muscata, gallia muscata et similia. Lapides vtiles sunt, margarite,
iacinti, saphirus, smaragdus, corallus. Puluis perutilis: Aloe, mirra drachm. 1,
cinamomi, zinziber, croci, garioff⟨ilorum⟩, mazis, ligni aloes, masticis ana
drachm. semis. Vsus boli armenici precipue cum aqua et aceto adiuuat,
tiriaca etiam viperarum.

Wir haben hier schon recht viel von dem beisammen, was uns
von 1347 an in den Pestregimenten begegnet, wie knapp zusammen-
gedrängt auch das Ganze ist. Wir treffen schon auf Spuren ara-
bistischen Einflusses, der von nun an herrschend wird. Beruft
sich doch auch schon unser Kleintext auf die großen Perser
ar-Râzî und *ibn-Sînâ* sowie auf *ibn-Ruschd.*

Ich gebe zum Abschluß noch ein Textstück, das an einen großen
Namen medizinischer Hochscholastik anzuknüpfen scheint.

*   *   *

Als ich mich vor mehr als zwölf Jahren eingehender mit der
Schriftstellerei des fast als klassisch zu bezeichnenden führenden
Vertreters der Medizinschule von Montpellier beschäftigte[2], habe
ich ein kleines Schriftstück bewußt bei Seite gelassen (a. a. O. S. 168,
Zeile 9), das über die Pest zu handeln scheint. Es findet sich auf
der Amplonianischen Bibliothek zu Erfurt, ist aber dem sorg-
fältigen Katalogisator *W. Schum* entgangen. In Frage steht ein
interessantes Gordon-Manuskript, bezeichnet Ms. 219 in Quarto
von 206 Blättern, davon zwei (205 und 206) Indexblätter. Die
Schrift weist in die erste Hälfte des 14. Jahrhunderts, ja, die letzten
Blätter, um die es sich hier handelt, sind in einer Minuskel geschrieben, welche man recht wohl noch in das Ende des 13. setzen könnte,
jedenfalls in die ersten Jahre des 14. Säkulums.

---

[1] Übergesetzt zwischen den Zeilen; kann auch „nec" heißen.

[2] Arch. Gesch. Med. Bd. X, S. 162—188. „Die Schriftstellerei Bernhards
vor Gordon u. deren zeitliche Folge".

Der ganze Kodex, Pergament- und Papierblätter, trägt, soweit
überhaupt ein Autor genannt ist, und dies geht bis zum vorletzten
Blatte, den Namen „*Bernardus de Gordonio*". Die ersten 202 Blätter
bringen tatsächlich ausschließlich Schriften *Bernhards*, an erster
Stelle das berühmte „Lilium", seine praktische Medizin. Es folgt:
„Excerpta ex Galeni et Avicennae libris de ingenio sanitatis a
Bernardo de Gordonio deprompta" zu Montpellier 1299 gearbeitet,
an dritter Stelle nach *Schum,,* Fragmentum libri a Bernhardo de
Gordonio de regimento acutorum scripti". Das „Fragmentum" ist
aber eine Täuschung *Schums*; *Gordons* „Regimentum acutorum
egritudinum" ist in Wirklichkeit vollständig. Es schließt gegen
Ende der ersten Spalte der Vorderseite des vorletzten Blattes:
„Explicit tractatus M(agistri) Bernardi de Gordonio supra regimen
acutorum morborum" was *Schum* übersehen hat. Es sind tatsächlich die ganzen drei particulae des kleinen Buches und es fehlt
nur, wie oft in Handschriften, der Anhang „De recapitulatione"
in den Drucken. Sein Beiseitelassen wird in den Handschriften
manchmal ausdrücklich (wie im Amplonianus in Quarto No. 227
um 1350) motiviert: „Haec omnia facta sunt post lecturam XI
annorum (1294). Qui autem omnia ista brevius habere voluerit,
accipiat subsequentia, que tamen facta fuerunt in statu baccalarii
cursus primi; illa dimitto", weil nur vorläufiger Natur.

Was aber schließt sich im Amplon. 219 in quarto noch an. Ein
tatsächlich fragmentarisches Stück ohne Überschrift und, da der
vermutlich umfangreiche Schlußabschnitt in Verlust geraten ist,
die Aufklärung bringende Schlußnotiz, die wohl auch den Verfasser
nannte. Man ist natürlich geneigt, auch dies Schlußstück des
Bandes dem *Bernhard Gordon* zuzuschreiben, der bis 1318 gelebt
haben soll, aber nach 1308 als Schriftsteller nicht nachweisbar ist.
Der Anfang mutet wie der eines Pesttraktates an, den ich ander-
wärts nicht nachweisen konnte. Auch das Folgende könnte recht
wohl in einer Lebensregel für Pestzeiten gestanden haben, die oft
in recht allgemein didaktisch gefaßten Raissonnements sich ergehen,
aber doch immer wieder zu ihrem Pestthema zurückkehren. Das geschieht in unserem Fragment *nicht*, und man darf dies nicht übersehen, trotzdem wir über den Umfang des fehlenden Stückes, der
anscheinend nicht gering war, keinerlei sichere Anhaltspunkte
besitzen. Ich gebe daher dies Stück nur auszugsweise als Kost-
probe aus dem, was erhalten ist, und glaube mich mit dem Hinweis
begnügen zu müssen, daß in dem Stück, wie es vorliegt, die Möglichkeit der Verfasserschaft *Bernhards von Gordon* jedenfalls nicht
ausgeschlossen erscheint, wenn man sich recht vorsichtig ausdrücken will.

Es hebt folgendermaßen an:

℥ Epidemia habet esse formaliter a corpore supercelesti, materialiter ab aquis et a terra et hoc est, quia virtute radiorum solarium eleuantur quidam fumi grossi a terra et ab aqua in ipso aere et tunc transmutatur aer a propria natura et fit epidimia. et nota quod aer non corrumpitur in epidimia nisi quia con aere fit conmixtio alicuius quod reddit ipsum inpurius, quia nullum simplex corpus habet corrumpi, nisi isto modo. ℥ Nota quod morbus dicitur acutus quadrupliciter vel propter materiam, ut sunt illi morbi qui sunt de colera et sanguine. secundo modo propter sinthomata, ut apparet in colica et yliaca, quamuis materia sit frigida, tamen facit grauissima sinthomata et propter hoc dicitur morbus acutus. tercio modo propter tempus unde dicitur morbus acutus qui terminatur in novem diebus, peracutus in septem, peracutus in quatuor. quarto modo dicitur morbus acutus propter menbrum in quo est ut appoplexia in cerebro, est enim menbrum nobile, uel quia est in membro deseruienti membro nobili ut squinancia. iste enim morbus est acutus eo quod est in menbro deseruienti menbro nobili. ℥ Nota quod Ypo⟨cras⟩ sic procedit in libris suis et istud est necessarium medico. medicus enim primo dicitur cognoscere causam morbi et hanc cognitionem da⟨t⟩ Yporas in aphorismis con quibusdam curis. etiam secundo debet cognoscere accidentia morbi et hoc docuit Ypocras in pronostico. tercio debet medicari et dare curam et hoc docet, Ypocras in regimento acutorum morborum. Nota quod sitis potest causari dupliciter, uel propter malam materiam existentem in viis stomachi, causatum ex uaporibus materie morbi virtute caloris febrilis. vel potest causari propter malam dispositionem ipsius stomachi lapsam ad siccitatem. dico quod tunc quod ptisana extinguit sitim primo dictam, quia est abtersiua et lubrica et propter hoc abluit et debet illam malam materiam, tamen non extinguit sitim. secundo modo dictam, quia non moratur tam diu, quod possit amouere complexionem stomachi. ℥ Nota etiam quod ipsa ptisana non est laxativa ventris inferioris, vers est constipativa eiusdem ... ℥ Nota quod ptisana habet duas conditiones bonas in febribus, quas non habet alius cibus, habet enim sustentare virtutem ... ℥ Nota quod ordeum ex quo fit ptisana est ventosum, non tamen sicut faba ... ℥ Nota quod tempore egritudinum dignoscun [Bl. 203] tur uel per sinthomata ... ℥ Nota quod pleuresis ex colera ... ℥ Nota quod balneum in peripleumonia et pleuresi non competit ... ℥ Nota quod Galienus probat ratione et experimento quod aqua frigida competit in febribus acutis ... ℥ Nota quod virtus naturalis per se curat egritudinem ... ℥ Nota quod crisis ... ℥ Unumquodque seruatur a sibi simile ... [Bl. 204ᵛ ... ℥ Nota quod urina nigra atestatur ... ℥ Nota quod multotiens digeritur materia peccans ... ℥ Nota quod sompnus per se nunquam nocet ... ℥ Nota quod in aliquibus non potest expectari tempus digerendi materiam ... ℥ Nota quod duplex est digestio ... ℥ Nota quod lac habet qualitates acutas et pungitiuas, unde ex sero caprino uel etiam vaccino et est vna de cassia fistula, facit lene laxativum et potest dari pregnantibus multis aliis sicut quibusdam ternariis [?].

Damit schließt das Regimen mit dem Ende des Blattes. Wieviel Blätter oder Blattlagen folgten, läßt sich nicht sagen.

Als Beitrag zu unserer Kenntnis vom Schrifttum *Bernhards von Gordon* mag es willkommen sein. Über dessen Anschauungen über die Pest hätten wir ja gerne Ergänzungen zu dem knappen 10. Kapitel „De febrilus pestilentialibus" in der ersten particula seines Lilium medicinae. Febres pestilentiales ist ja obendrein noch ein Begriff, der viel weiter greift als die Beulenpest (über die man auch in den Apostem-Kapiteln noch Ergänzung trifft), da unter den Pestfiebern z. B. auch Pocken und Masern mit einbegriffen wurden. Um 1300 ist ja der Begriff der Lepra von weit größerem Interesse als der der Beulenpest. Ihr widmet *Gordonius* fast den zwölffachen Raum, wie der Pest. Die Lepra ist die typische Infektionskrankheit im Denken der damaligen Ärzte. Bei ihr handelt denn auch *Gordon* den Gesamtbegriff der „Morbi contagiosa", der Infektionskrankheiten ab. Er kennt deren acht, die man freilich nicht nach den späteren Gordondrucken studieren darf, wo aus dem Trachom (lippa) der „lupus" geworden ist und aus dem fremdgewordenen Terminus „pedicon" für Fallsucht die — „pediculi"! — Vielleicht verfällt später einmal jemand, dem nur ein solch später Druck in die Hände gerät, z. B. der von Venedig 1521, auf die Vermutung, *Gordon* habe schon eine Ahnung von der Bedeutung der Läuse für die Verbreitung eines der schlimmsten „febres pestilentiales" gehabt, für das Fleckfieber. Geschichte wird ja nur zu oft zur Metze für ephemere Prädilektionsmeinungen!

Starlehre und Staroperation bei den mittelalterlichen Chirurgen im Abendlande.

Von Romanus Johannes Schaefer, Darmstadt

Auf der 18. Tagung der Deutschen Gesellschaft für Geschichte der Medizin und der Naturwissenschaften zu Bad Brückenau, habe ich einer Anregung *Sudhoffs* folgend „Über den Stand der Augenheilkunde gegen Ende des Mittelalters (etwa 1400)" berichtet. Aus den „Sermones medicinales" des *Niccolo Falcucci*, welche um 1400 das vollständigste Sammelwerk über alle Gebiete der Medizin bilden, habe ich von den Kapiteln über Augenheilkunde eine deutsche Übersetzung gegeben. *Nicolaus Florentinus*, wie er auch genannt wird, ist wahrscheinlich 1357 in Florenz geboren und 1430 gestorben. Er stützt sich in seiner Arbeit auf eine Reihe von namhaften arabischen Ärzten, die Augenärztliches in ihren Werken hinterlassen haben. Heute möchte ich auf die Augenheilkunde von *Lanfranchi*, der wahrscheinlich vor 1306 gestorben ist, aufmerksam machen. *Lanfranchi* gehörte zu jenen Wundärzten Italiens, die im 13. Jahrhundert aus der Schule von Bologna hervorgegangen sind und die Chirurgie wissenschaftlich bearbeitet haben. Sie haben auch die operative Therapie der Augenkrankheiten, die im Mittelalter von den Arabern in verdienstvoller Weise gefördert wurde, im Abendlande zu Studienzwecken ins Lateinische übersetzt und weiter verarbeitet. Ich habe in den umfangreichen chirurgischen Werken: „Guidonis de Cauliaco, Chirurgia magna" (von *Guy von Chauliac*, gest. etwa 1368), „Bruni Longoburgensis Chirurgia magna et parva (von *Bruno von Longoburgo* in Calabrien, gest. um 1252), „Theoderici Episcopi Ceruiensis ordinis praedicatorum chirurgia" (von *Theoderico Borgognoni* (1205—1298), der dem Predigerorden angehörte und im Jahre 1262 Bischof von Bitonti in der Provinz Bari war und seine Chirurgie im Jahre 1266 dem Bischof *Andrea von Albalate* in Spanien widmete), ferner „Rogeri et Rolandi chirurgiae" (von *Rolando Capelluti*), eine Überarbeitung des praktischen Lehrbuches der Chirurgie, das *Roger* aus Palermo, der erste selbständige Schriftsteller des Abendlandes im Jahre 1180 verfaßte, ferner „Leonardi Bertapaliae chirurgia" (von *Leonardo*

Bertapaglia aus Padua, gest. 1460), ferner „Guilielmi de Saliceto Chirurgia“ (von *Guilielmo Salicetti* aus Piacenza, gest. etwa 1280) und endlich: „Lanfranchi Practica quae dicitur Ars completa totius chirurgiae“ die Kapitel über Augenheilkunde durchgesehen, kann aber heute nur auf das letztgenannte näher eingehen.

Lanfranchi war ein Schüler *Wilhelms von Saliceto*, ein Mann von umfassender Bildung und Gelehrsamkeit, gleichmäßig vertraut mit allen Gebieten der ärztlichen Wissenschaft und Erfahrung. Vermutlich der alten Pisanischen Familie dieses Namens angehörig, wurde er wegen politischer Konflikte 1290 aus seiner Heimat Mailand verbannt, floh nach Frankreich, kam zuerst nach Lyon und ließ sich 1295 in Paris nieder, wo er eine große Praxis ausübte und sehr bald eine bedeutende Anzahl von Schülern um sich sammelte, da er die Kranken in Begleitung derselben zu besuchen und in ihrer Gegenwart auch die Operationen auszuführen pflegte. Man nennt ihn „Vater der französischen Chirurgie“. Schon im Jahre 1270 hatte *Lanfranchi* ein kleineres, seinem Freunde „*Bernardus*“ gewidmetes Handbuch der Chirurgie, die Chirurgia parva, bearbeitet. In den Jahren 1295 und 1296 verfaßte er „die große Chirurgie“. In diesem größeren Werke folgt *Lanfranchi* allerdings hauptsächlich seinem Lehrer *Saliceto*, aber es zeigt sich docd überall eigene reiche Erfahrung und praktische Umsicht. Währenh nun *Nicolaus Florentinus* in den Kapiteln über Augenkrankheiten der Reihe nach angibt, was die einzelnen arabischen Ärzte, die er mit Namen nennt, über diese oder jene Krankheit oder Operationsmethode geschrieben haben, gibt *Lanfranchi* seine Mitteilungen in der Weise, wie wir es in einem modernen Lehrbuche finden. Immerhin dürfen wir annehmen, wenn er auch keinen der arabischen Autoritäten mit Namen nennt, daß *Albukasim*, der Verfasser eines die ganze operative Heilkunde umfassenden Werkes, der Ausgangspunkt ist, der uns in die Gesellschaft aller obengenannten Gelehrten, auch des *Lanfranchi*, führt.

Die wörtliche moderne deutsche Übersetzung des Kapitels über Cataracta = Star gebe ich folgendermaßen:

„*Cataracta*, der Star, ist das Wasser, welches herabsteigt im Auge zwischen Traubenhaut und Lederhaut und Krystall-Linse und vor der Pupille gelegen ist; welches, wenn es dicht ist, das Sehen gänzlich verhindert; und es wird Cataracta (Wasserfall, Schleuse) genannt, wegen der Ähnlichkeit mit jenem Werkzeug, welches bei den Mühlen vorhanden ist, wobei bei emporgehobenem Werkzeug (d. i. Schleuse) das Wasser durch den Kanal läuft; bei Herabstellung desselben nichts durchläuft, weil es den Kanal verstopft. Dieser Wasserfall ist manchmal anfangend (im Beginn), manchmal ist er abgestellt (confirmata). Die Zeichen des Beginnens sind, daß der Kranke gleichsam die Speichen (wie am Mühlenrad) wahrnimmt, und zwar vor seinen Augen; und er sieht statt eines Gegenstandes zwei oder drei, manchmal wird der Gegenstand durchbohrt gesehen oder nur die Mitte desselben. Diese Erscheinungen aber können zuweilen durch Magenleiden veranlaßt werden, und dann braucht man wegen der Cataracta nicht so besorgt zu sein, weil nach Ausheilung des Magenleidens solche Nebenerscheinungen aufhören. Das Symptom kann also entweder aus dem Magen oder aus dem Auge hervorgehen; bei leerem Magen treten die Nebenerscheinungen nicht zutage, sondern sie machen sich nach der Sättigung erst bemerkbar und besonders stark bei Brechneigung, und es sind dann diese Begleiterscheinungen auf beiden Augen vorhanden. Wenn aber die Erscheinungen nur auf einem Auge gesehen werden oder die Wahrnehmungen beständig sind, dann stammt die Krankheit nicht aus dem Magen, sondern aus den Augen. Ebenso, wenn einmal nach einer Abführkur durch Cochiapillen keine Besserung eingetreten ist, stammt die Cataracta nicht aus dem Magen, auch nicht, wenn sie längere Zeit anhält und man im Auge des Kranken nichs Besonderes sehen kann; wisse dann auch bestimmt, daß es der Anfang der Cataract ist.

Der Star ist aber bereits hart geworden und jenem nicht verborgen geblieben, welcher Erfahrungen in solchen Krankheiten hat, wenn der Zustand äußerlich vor der Pupille zu sehen ist, und zwar manchmal weiß, manchmal aschgrau, manchmal auch dunkelgrün, und dabei ist das Sehen vollständig verhindert. Diese Krankheit läßt sich durch physikalische Mittel vor dem Hartwerden, durch manuelle Mittel nach dem Hartwerden heilen. Dazu ist aber nötig, daß der Kranke sich bei der Mahlzeit in acht nimmt und sich hütet vor jeder ekelerregenden Speise, vor Speisen von verdorbenen Fischen, vor allen wässerigen Früchten und vor allem, was Wässerigkeit hervorruft, er muß vielmehr die wärmeerzeugenden Nahrungsmittel benutzen, oft cum pilulis cochiis Rasis, welche vor allen anderen Abführungsmitteln vorzuziehen sind, abführen. Für die Augen aber soll er ein Collyrium von Gallen gebrauchen, welches besteht aus Galle vom Kranich, Galle von der Eidechse, Galle vom Bock, Galle vom Habicht, Galle vom Adler und Galle vom Rebhuhn; alle diese sollen trocken sein und nehme zu diesen zehn Teile Euphorbii (Wolfsmilchgewächse), Colocynthidos, Serapini und verreibe alle diese zu gleichen Teilen mit dem Saft der Raute oder des Fenchels und mache Pillen daraus. Vor dem Gebrauch löse es in destilliertem Fenchelwasser und tue es zweimal am Tage in das Auge.

4*

Ein anderes erprobtes Mittel gegen den beginnenden Star und bei Sehschwäche, bei Neblichsehen und mehreren anderen Augenkrankheiten ist folgendes: „Trockene Asche von Hölzern gut durchgesiebt mit bestem weißen Wein vermischt, lasse in einem gläsernen Gefäß nach guter Verrührung sich absetzen, und je älter dieses Medikament ist, um so wirksamer ist es."

Die Heilung des Stars durch die Nadel: „Der hartgewordene Star, welcher gänzlich das Sehen verhindert, kann nicht mit medizinischen Mitteln geheilt werden, meistens finden wir ihn bei Bejahrten. Von diesen hartgewordenen Staren gibt es wiederum einige, welche nicht durch die Hand (Operation) geheilt werden können, denn wenn die Operation auch noch so gründlich und vorsichtig ausgeführt wird, kann die Nadel dennoch den Star nicht beseitigen und heilen. Wenn der Star dicht geworden ist und am Orte fest umgarnt ist, kann der Star weder durch die Nadel noch auf eine andere Weise geheilt werden. Erwäge folgendes: „Wenn der Kranke nämlich etwas auf dem Auge sieht, so nehme keine Operation vor. Wenn er aber nicht etwas sieht, dann verschließe das gesunde Auge oder ein Auge, wenn die Krankheit auf beiden Augen ist und reibe leicht mit dem oberen Augenlide das kranke Auge und mit dem geschlossenen Augenlide das andere Auge, dann öffne schnell das zugehaltene Auge und siehe, ob die Pupille auf beiden Augen sich erweitert, weil ja, wenn sie sich nicht erweitert, auf einem von beiden Augen, entweder im Hohlnerven eine Verstopfung besteht, welche das Sehen verhindert und diese Verstopfung schon lange hinter der Pupille bestanden haben muß, oder zweitens: der Star ist viel zu hart geworden und am Orte so fest umgarnt, daß nichts von dem Spiritus hinüber gehen kann, wodurch die Pupille erweitert wird, und wenn du das beobachtet hast, darfst du die Hand nicht anlegen (Operation nicht ausführen). Wenn aber die geriebene und offene Pupille sich schnell erweitert und die Farbe des Stars weiß, gleichsam glänzend wie eine Perle ist, dann wende unbesorgt das chirurgische Instrument an. Und das mache so: „Setze den Kranken vor dich auf einen Schemel und binde ihm das gesunde Auge zu, damit er nicht sehen kann. Du aber sitze etwas höher und halte im Munde gekauten Fenchelsamen und hauche den Dunst diesem zwei- bis dreimal in das Auge, damit die wirksame Kraft des Fenchels auf das Auge einwirke; nachher nimm das Instrument aus Silber in Gestalt einer Nadel, und es soll kräftig gebaut sein, damit du es besser in der Hand halten kannst, und steche es in die Bindehaut an der Seite des kleinen Augenwinkels und drücke das Instrument bis zur Hornhaut, weil du es dann sehen wirst. Wenn du aber das Instrument unter der Hornhaut siehst, so treibe es weiter bis zum Star (ad aquam), welcher vor der Pupille gelegen ist, und fasse den Star mit dem Instrument, mache Bewegungen mit demselben und drücke das Wasser herunter."

Wenn aber der Kranke das sieht, was vor dem Auge vorgehalten wird, dann ziehe die Nadel heraus, nachdem du den Star versenkt hast, indem du das Instrument gegen das untere Augenlid drehst. Und wenn das Wasser nicht wiederkehrt, ist es gut, wenn es aber wiederkehrt, dann wiederhole den Eingriff, und wenn es dann nicht mehr aufsteigt, dann lege über das Auge einen Verband mit dem Weißen vom Ei und der Eidotter sowie armenischen Bolus, am vorteilhaftesten schlage dieses Pflaster zwischen zwei Tuchfalten und lege es auf das Auge und führe den Kranken in einen dunklen Raum, wo er acht Tage Ruhe halten soll, sich vor Husten hüten, vor Zorn, vor allzu vielem Reden und vor der Arbeit (sich keiner Mühe unterziehen).

Wenn die Pupille sich erweitert hat, entweder aus einem äußeren Grunde oder infolge allzu großer Feuchtigkeit im Auge, dann wird das Augenleiden selten, ja wohl auch niemals zu heilen sein; wenn du aber dieses behandeln sollst, dann verfahre folgendermaßen: „Sorgfalt ist zu legen auf die Reinigung des Körpers cum picra Rasis et cum pilulis chochiis Rasis," wie ich schon oft gesagt habe und mit dem Collyrium aus Gallen und den anderen vorhergenannten Medikamenten; wenn eine äußere Ursache schuld ist, wie z. B. eine Erschütterung, so ist die Heilung leicht, wie mehrere Fälle zu meiner Zeit geheilt worden sind, deren Pupillen infolge Erschütterung so weit geworden waren, daß man von der Pupille überhaupt im Auge nichts mehr sah. Wenn die Kraft und das Alter dir zur Vermeidung einer Entzündung geeignet erscheinen, so lasse den Kranken zuerst zur Ader, nachher verbinde das Auge mit einem jener Medikamente und lege den Verband nicht zu fest an, verordne außerdem: „Rp. farinam fabarum subtilem: et in corpora cum foliis falicis ultime pistatis." So auch ein anderes Heilmittel: „Rp. farinae fabarum, florum chamomillae, radicis althaeae ana coquantur in aqua et vino et fac emplastrum"; und lasse den Kranken ruhen."

Das, was wir in dieser Abhandlung *Lanfranchis* besonders historisch interessant finden, ist die Anwendung der Pupillenreaktion bei der Indikation zur Staroperation schon 1296, sicherlich schon weit früher. Ich finde dieselbe Beschreibung von der Pupillenreaktion beim Star auch in der Chirurgie von *Bruno von Longoburgo* (1252) und auch später bei *Guy de Chauliac* (1363).

Aus der Geschichte des Hospitals zum Heiligen Geist in Frankfurt a. M.[1]

Von Heinz Lossen, Frankfurt a. M./Darmstadt.

Es war eine Zeit vielfacher Gegenströmungen, als das 12. Jahrhundert sich erfüllte. Nicht mehr Königspfalzen, Bischofssitze und Klöster gestalten allein als Mittelpunkt kulturelles Leben. Ebenbürtig tritt ihnen nunmehr das Städtetum zur Seite. Handel wie Gewerbe wurden durch die Kreuzfahrten angeregt. Die Naturalwirtschaft trat zurück. Die Gründung graben- und turmbewehrter Städte schuf neue, soziologische Bindungen der Volksgenossen.

Im Kampf nach außen gegen Kaiser, kirchliche Würdenträger, Adelige, wuchs bürgerlicher Gemeinsinn. Die Städte wetteiferten in dem, was bis dahin Vorrecht monastischen Künstler- und Gelehrtentums zu sein schien. Zum Himmel strebten die gotischen Münster, die reichgezierte Halle der Rathäuser empfing die Bürger, deren Wohnungen uns heute noch immer wieder bewundernd zu fesseln vermögen.

Nicht allein eifervolles Bestreben christlicher Barmherzigkeit, sondern ureigenster Selbsterhaltungstrieb gebot Not und Elend innerhalb der heimatlichen Mauern, wie unter den Zuwandernden zu steuern.

Wenn auch kein Zeitabschnitt deutscher Geschichte so reich an gottgefälligen Stiftungen und ablaßgewährenden Schenkungen für kirchliche Zwecke ist, so wußte sich doch auch Sinn für geordnetes Gemeinwesen mit dem Religiösen zu verbinden. Für Weg und Steg, für Schulen und Badhäuser, für Nahrung und Kleidung der Fremden, für Dienstboten wie für Handwerker flossen die freiwilligen Gaben der Bürger. Um so mehr steigerte sich dieser Eifer, als Armut und Krankheit, Greisenalter wie Verwaistsein, Krüppel und Blinde den Aufgabenkreis einer sorgenden Stadtverwaltung immer mehr erweiterte.

---

[1] Vortrag gehalten auf der XXII. Tagung der Deutschen Gesellschaft für Geschichte der Medizin und der Naturwissenschaften in Budapest am 6. September 1929.

So entwickeln sich auch aus kleinen Einrichtungen die städtischen Hospitäler. Siechhäuser und Krankenstuben der Klöster waren Vorbild. Die Gutleut- und Selhöfe, anfangs draußen im Feld gelegen, rückten in das Weichbild der wachsenden Stadt. Für die eigentliche Bestimmung, Aussätzige aufzunehmen, wurden sie somit unbrauchbar, und man benutzte sie fürderhin als Hospitäler, die keineswegs ausschließlich der Behandlung akuter Krankheiten dienten. Arme, Findelkinder, Fremde und Verstümmelte fanden hier eine Bleibe, die ihnen frommer Wohltätigkeitssinn ermöglichte.

Die Organisation solcher sozialen Gemeindepflege schloß sich vor allem an die einzelnen Pfarrbezirke an. Kleine Gemeinwesen bedurften nur eines Hospitals. Köln hatte im 13. Jahrhundert für jede seiner 7 Pfarreien ein eigenes Hospital. In dem pommerschen Städtchen Barth a. d. Ostsee, das in der damaligen Zeit gegen 2000 Seelen gehabt haben mag, bestand ein Heilig-Geist-Hospital, ein St. Georgshospital mit großem Siechenhaus, ein Hospital zum Heiligen Kreuz und eines zur Heiligen Gertrud.

In geheiligtem Brauche hatten all diese Häuser ihren Schutzpatron, der nach Örtlichkeit, wie auch nach Zweck der Anstalt verschieden war. Der Name St. Johannes des Täufers, wohl veranlaßt durch die Johanniter, begegnet uns. St. Rochus wurde zum Patron der Pesthäuser, Findelhäuser trugen den Namen des Heiligen Nikolaus. St. Georg, St. Katharina, St. Josef, St. Maria und nicht zuletzt St. Elisabeth von Thüringen wurden bevorzugte Schutzheilige dieser Wohltätigkeitsanstalten.

Schon vor dem 13. Jahrhundert findet sich auch vereinzelt der Heilige Geist als Schutzherr solcher Wohlfahrtseinrichtungen. Dann wurde er aber gegen Ende des 12. Jahrhunderts der vielgerufene Schirmherr der Kranken und Hilfsbedürftigen. Die kirchliche Hymne des Pfingstsonntags „Komm herab, o Heil'ger Geist", deren Dichtung man dem großen Papst Innozenz III. zuschreibt, ist so recht der Ausdruck dessen, was sich die leidende Menschheit von Gott, dem Heiligen Geist erhoffte:

> „Vater, hör der Armen Schrei'n,
> „komm, uns Gaben zu verleih'n . . Unsre Tröstung, . . ."
> „In der Hitze Kühlung du,"
> „Hilf' und Trost in aller Pein".
> „. . . Was verwelkt ist, woll' erneun"
> „und den Wunden Heilung leihn".
> „Mache weich, was spröd und hart",
> „Wärme, was von Frost erstarrt" . . .
>
> (übersetzt von H. Schlosser 1851).

Ende des 12. Jahrhunderts stiftete ein gewisser *Guido zu Montpellier* den Hospitaliterorden zum Heiligen Geiste. Seine Regeln lehnte der Stifter den Konstitutionen der sich der Krankenpflege widmenden Mitglieder des Johanniterordens an. Papst *Innozenz III.* (1198—1216) übertrug 1204 diesem *Guido* die Krankenpflege an seinem neu erbauten Hospital an der römischen Kirche St. Maria in Sassia, die uns heute in der Gestalt überkommen ist, wie es der Erbauer der sixtinischen Kapelle, Papst *Sixtus IV.* (1471—1484) errichten ließ.

Zumindest vielfach durch diesen Bau, für den in der ganzen Welt Almosen gesammelt wurden, angeeifert, entstanden rasch eine große Anzahl von Heilig-Geist-Spitälern in allen Ländern. Das älteste deutsche Heilig-Geist-Hospital wurde noch 1204 in Brandenburg gegründet. Während des 13. Jahrhunderts bestanden z. B. in Bayern wenigstens 40 Heilig-Geist-Spitäler. Im Bezirk des heutigen Volksstaates Hessen gab es solche vielleicht in Alzey, bestimmt in Bensheim, Bingen, Friedberg, Mainz, Oppenheim und Worms.

Zumeist am fließenden Wasser errichtet, wurde der Liebesdienst an den Insassen in Deutschland vereinzelt von männlichen und weiblichen Mitgliedern des Ordens zum Heiligen Geist versehen. Weit häufiger standen die Hospitäler aber bei uns zunächst unter geistlicher Oberherrschaft, und Beguinen pflegten. Meist ging sehr bald die Verwaltung in die Hand der weltlichen Behörde über. Fast durchweg waren sie zunächst zur Pflege Akutkranker bestimmt. Kommunalpolitik ließ sie vielfach ihren Charakter verändern, nur wenige sind heute noch das, was sie in erster Linie und ursprünglich waren, Krankenhäuser.

Ihre zusammenfassende Geschichte ist bislang nicht geschrieben worden. Von diesem wie jenem Spital, so von dem in Mainz, in Nürnberg, um nur einige in Deutschland zu nennen, kennen wir die Geschichte näher. Besonders beachtlich erscheint mir auch die Geschichte des Hospitals zum Heiligen Geist in der alten Reichsstadt Frankfurt a. M. Eingehender, zum Teil in Einzelarbeiten, wurde seine Kulturhistorie vor allem von *Boehmer, Kriegk,* in Beiträgen zur Rechtsgeschichte von *Miquel* und *Ehwald* behandelt. Der Werdegang dieser Anstalt weist so recht auf den Wechsel hin, die Geschichte, Politik und wissenschaftlicher Fortschritt mit sich brachten.

Das heutige Heilig-Geist-Hospital in der Langestraße zwischen der Stadtbibliothek und dem Rechneigraben ist in der Zeit von 1833—1839 nach den Plänen des Architekten *Rump* erbaut worden. Es liegt nur wenige Schritte vom Mainfluß entfernt.

Bis 1839 befand sich das Heilig-Geist-Hospital in der Gegend des heutigen Geistpförtchens am Main.

Seine Bezeichnung ist verschieden, Spital der Siechen, auch bloß das Frankfurter Spital genannt. Öfters findet sich auch die Bezeichnung alde spedal (1384), hospitale antiquum in opido Frankenfordensi (1305).

Dieser Name weist darauf hin, daß das Heilig-Geist-Hospital nicht das einzige Frankfurter Hospital im 14. Jahrhundert gewesen ist. Es ist nicht einmal das älteste Hospital in Frankfurt a. M. Schon im 12. Jahrhundert begegnen wir einem Infirmarium am Königsplatz in der Nähe der Nikolaikirche, das wohl der Pflege kranken Hofgesindes diente. Im 13. Jahrhundert wird ein altes Spital bei der jetzigen St. Leonhardskirche erwähnt. Nähere Nachrichten über diese beiden Häuser fehlen uns. Nichts weist darauf hin, daß etwa das alte Spital an der St. Leonhardskirche am Main, identisch mit dem Heilig-Geist-Hospital, das mehr mainaufwärts lag, gewesen wäre.

Über die Einzelheiten der Gründung des spitals des heilligen geists zu Frankfurt und ihren Zeitpunkt wissen wir nichts. Zum erstenmal begegnet uns das Hospital zum Heiligen Geist in einer, im Original verlorengegangenen Urkunde vom Jahre 1273, deren Übersetzung aus dem 16. Jahrhundert uns überkommen ist. In dieser Urkunde bekennen „*Herbordus* und *Mechtildis*, genannt Roesza rectoire und meister des spitals des heilligen geists zu Frankfurt und andere (brudere) und schwestere desselben haus", daß sie dem Spital geschenkte Hufen von dem Kloster Retters in Erbpacht genommen haben. Beide Namen — *Ehwald* vermutet, daß es Geschwister seien — erscheinen 1293 abermals urkundlich. Roesza wird hier „Rosa, magister hospitalis" genannt.

Schon im Jahre 1278 sehen wir 2 Provisoren als Verwalter des Spitalvermögens. Der eine ist der Stadtpfarrer vom Bartholomäusstift, der andere ein Schöffe. In einem Prozeß, den das Mainzer Mariengredenstift gegen das Frankfurter Heilig-Geist-Hospital wegen Erfüllung von Verpflichtungen des Hospitals führte, tritt ein Prokurator des Hospitals auf, wahrscheinlich der Pfarrer.

1282 verkaufen „prokurator et congregacio domus hospitalis apud Frankenvort" einen Zins.

Viel mehr wissen wir nicht über die ersten Jahrzehnte der Geschichte unseres Heilig-Geist-Hospitals: Eine mehr weniger lockere religiöse Vereinigung von Männern und Frauen, die Haus und Grund zu wohltätigem Zweck ihr eigen nennt, wird durch ihren Vorsteher und ihre Vorsteherin geleitet und durch 1—2 Provisoren mindestens vermögensrechtlich nach außen vertreten.

Sehr bald beginnt aber der Übergang der Verwaltung des Heilig-Geist-Hospitals an die Stadtobrigkeit, wohl nicht ohne Meinungsverschiedenheiten. 1283 verzichtet der Pfarrer, der eine Provisor, auf die Pflegschaft am Hospital und beschränkt sich lediglich auf seine kirchlichen Obliegenheiten. Im Jahre 1286 tätigt ein Schöffe als Provisor des Hospitals mit ausdrücklicher Zustimmung der confratrum ac sororum einen Grundstücksverkauf. In der Folgezeit kam es wieder zu Unstimmigkeiten zwischen dem Pfarrer und dem Rat, bis 1293 ein Vertrag zwischen Rat und Bartholomäusdomstift abgeschlossen wird, demzufolge die Besetzung der Spitalvikarie gemeinsam durch den Rat der Stadt Frankfurt und einen Ausschuß erfolgen soll. In Zukunft haben aber alle Verfügungen und Anordnungen über Besitz, Gerechtsame und Einkünfte nur noch Schultheis und Schöffe nomine universitatis nach bestem Wissen und Gewissen zu treffen. Die Stadtobrigkeit ernennt seitdem 2 Pfleger, später deren 6. Zu Anfang des 17. Jahrhunderts treten noch 3 Personen aus der Bürgerschaft hinzu, von denen zwei den Patriziergeschlechtern Haus Limburg bzw. Frauenstein angehören mußten, anfangs Hospitalmeister genannt, dann bis zum heutigen Tage Pfleger. In der ersten Hälfte des 14. Jahrhunderts wird ein Spitalschreiber, der später allein Hospitalmeister heißt, eingestellt. Spitalschreiber und Pfleger kamen lediglich die Vorbereitung und die Ausführung von Maßnahmen zu. In allen wichtigen Fällen, bei größeren Geldausgaben, ja sogar bei der Aufnahme der Kranken behielt sich der Rat das Bestimmungsrecht vor. Die ursprünglich in kirchlicher, aber nicht in klösterlicher Hand sich befindende Spitalverwaltung ist in wenigen Jahrzehnten unter den alleinigen Einfluß der weltlichen Stadtbehörde gekommen. Freiwillig oder gezwungen hatte sich der Pfarrer seiner Rechte, soweit sie nicht auf geistlichem Gebiet lagen, begeben. Auch die sog. Bruder- und Schwesternschaft rückte aus ihrer anfänglich selbständigen Stellung heraus, die Geschäfte werden von Beauftragten des Rates geführt. So ist es im Grunde bis zum heutigen Tag geblieben.

Wenden wir uns zur Besprechung der Zweckbestimmung des Hospitals! Im 13.—14. Jahrhundert nahm das Hospital nur kranke und arme Stadtbewohner zur Pflege und Heilung auf. Auswärtige waren ausgeschlossen. So entschied der Rat 1487 ausdrücklich: „Der Spietal sij den heymschen gemacht und nit den fremden." Eine Ratsverordnung vom Jahre 1426 bestimmt, daß nur bettlägerige Kranke aufgenommen werden dürften, darüber hinaus auch solche, die im Stadtdienst verwundet worden waren. Wer wieder gehen und stehen konnte, mußte das Spital verlassen.

Nichtbürger wurden nur aufgenommen, wenn sie schon lange in der Stadt gewohnt oder in deren Dienst standen. Handwerker kauften feste Anrechte an Spitalbetten für die Pflege nicht verbürgerter Gesellen. Auch die Bruderschaften trugen wohl Sorge dafür. Allerdings beschied der Rat im Jahre 1456 ein Gesuch der Schneider um ein Bett im Spital abschlägig. „Als die Schneider-Knecht ein Bett im Spitahl begehren, abschlagen" (*Lersner*).

Arme Kranke fanden unentgeltlich Aufnahme, wer zahlen konnte, mußte zahlen.

Frommer Bürgersinn bedachte in der Folgezeit das Hospital reichlichst. Vielfach wurden an die Zuwendungen eine besondere Zweckbestimmung geknüpft. So erhielten 1338 ärmere Kranke eine reichlichere Menge an Kost und Wein. 1330 wie auch 1334 werden Stiftungen gemacht für besonders reichliche Mahlzeit- und Trankzuweisung an allen Feiertagen, an den Vierjahrzeitstagen usw. 1284 bestimmte eine Zuwendung, daß die Siechen alle Freitage Fisch erhalten, 1330 sollten ihnen Geldgaben zukommen. In einem Testament aus dem Jahre 1326 bestimmte der Erblasser, daß für das Bett an der Säule, das er vermacht hat, jährlich das Bettzeug ausgebessert werde. Auch setzte er 9 Schillinge aus, damit man in jedem Jahr Stroh kaufe, die Betten zu verbessern.

Auf dem zum Hospital gehörigen Friedhof, auf dem das Werk der Barmherzigkeit, die Toten zu begraben, ausgeübt wurde — dem Bartholomäusstift wurde eine Stiftung gemacht zum Begraben armer Leute, ausschließlich der im Spital Verstorbenen — sitftete 1315 *Heinrich Crig von Speyer* eine Elendherberge, ein Pilgerhospiz im besonderen Gebäude, unter Zustimmung der Stadtbehörde, der Pfleger und Brüder des Hospitals zum Heiligen Geist. Sie anerkannten, daß dem Hause das Licht nicht verbaut werden dürfe, und daß seine Kapelle den Brüdern und den Familien der im Hospital Wohnenden ständig zur Benutzung offen stehe. Dieser Elendherberge stand ein Verwalter vor, dessen Tätigkeit in der Folge an den Spitalschreiber überging, während die Verwaltung an sich vollkommen getrennt geführt wurde. Die Stiftung sah vor, daß den armen Fremden und durchziehenden Pilgern Stroh zum Lagern und Holz zum Feuern gegeben wurde, und außer Dach und Fach auch noch Speise.

Um das Jahr 1341 hatte der Frankfurter Bürger *Heile Digmar* das spittal zun heilgen dryen koningen zu sassinhusen erbaut und zur Pflege einheimischer Bürger bestimmt. Der Stifter führte die Verwaltung bis zum Jahre 1344 selbst. Dann übertrug er sie Mitgliedern seiner Familie. Das Heilig-Geist-Hospital wie auch das Drei-Königs-Spital waren abgabepflichtig an die Stadt. 1349 wurde ersterem eine Stiftung gemacht, aus derem Erträgnis den Kranken jeden Freitag Semmeln verabfolgt wurden. 1453 hat aber die Stadt wohl aus Zweckmäßigkeitsgründen das Sachsenhäuser Hospital aufgehoben, und diese Stiftung mit dem Heilig-Geist-Hospital vereinigt. Inzwischen war die Elendenherberge auf dem Friedhof des Heilig-Geist-Hospitals baufällig geworden und sie erhielt gleichzeitig ein neues Haus, das Marthaspital.

Als nun im Jahre 1530 der Almosenkasten gegründet worden war, wurde ein weiterer Baustein dazu geliefert, das Heilig-Geist-Hospital einer ganz anderen Zweckbestimmung zuzuführen, die 1627 so weit gediehen war, daß der Rat ausdrücklich erklärte, das Spital sei nur für Fremde bestimmt. Aus der irrtümlich ethymologischen Erklärung des Wortes hospitale als Fremdhaus leitete 1720 das Pflegamt seine Begründung her, Einheimische auf die Erträgnisse des Almosenkastens zu verweisen. 1725 wurde bestimmt, daß Notleidende, Arme, Kranke, Fremde und auch reisende Personen, die keine Freundschaft allhier haben, ohne Unterschied der Person Aufnahme im Spital finden. Doch zahlte für arme, kranke Bürger in Zukunft an Stelle des Almosenkastens die Stadt einen Gulden.

Ausdrücklich wurde die Stiftung als eine christliche für die drei im Römischen Reich geduldeten Religionen bezeichnet.

Die *Dr. Senckenberg*sche Stiftung des 1779 eröffneten Bürgerhospitals mußte so gleichsam als aus der heimischen Not geboren bezeichnet werden.

Hatte vorher das Heilig-Geist-Hospital auch der Armenunterstützung gedient, so beschränkte *Dalberg*, der Großherzog von Frankfurt a. M., 1810 die Tätigkeit des Hospitals auf die bloße Sorge für die Kranken.

Nach der Stiftungsordnung der Stadtgemeinde Frankfurt vom Jahre 1833 sollte das Heilig-Geist-Hospital hier erkrankte Fremde (insbesondere fremde Handlungsdiener, Handlungslehrlinge, Handwerksgesellen und Lehrlinge, Dienstboten aller Art, welche bei hiesigen Bürgern oder Beisassen oder bei Eingesessenen der Dorfschaften im Dienste stehen) aufnehmen, eben weil solche erkrankten Personen nicht ausgewiesen werden konnten oder sollten. So kam es, daß, wie *Miquel* (1881) ausführt, „das Hospital zum Heiligen Geist aus seinen Stiftungsmitteln unentgeltlich Personen verpflegt, für deren Pflege nach dem Gesetz über den Unterstützungswohnsitz von anderen Gemeinden Ersatz gefordert werden könnte. Dagegen verpflegt dasselbe eine Anzahl solcher Kranken nicht, für welche unsere Gemeinde allein verhaftet ist".

Reformvorschläge, die sich daran anknüpften, setzten sich in der Folgezeit durch. Das Hospital ward auch den kranken Einheimischen geöffnet.

Wir können nicht näher auf die interessanten Rechtsverhältnisse eingehen, an denen sich politische Meinungsgegensätze bis heute wiederholt Sporen zu verdienen glaubten.

Würdigen wir nun noch die ärztliche Seite unseres Themas einer kurzen Besprechung.

Der Stadtarzt war zu unentgeltlicher Behandlung der Kranken verpflichtet. Der Wundarzt *Heinrich*, 1352—1374 im Dienste der Stadt Frankfurt a. M., klagt, daß viele Schwerverwundete im Spital lägen, und er für sie keine Kost hätte, weshalb er Abhilfe zu schaffen bäte. Im Jahre 1381 heißt es in dem ärztlichen Dienstbrief des Meisters *Hans der Wolff* „und sal auch den siechin luden in dem spitale, wer dryn kommet, auch gereide sin mit myner konst vnd keynen lon von yn nemen" eine Formel, die auch später des öfteren wiederkehrt.

Der ärztliche Hilfsdienst wurde zuerst von den Brüdern und Schwestern versehen. Sie gehörten bestimmt nicht dem Orden des Heiligen Geistes an. Es mögen Hospitaliter und Hospitaliterinnen gewesen sein, die, vielleicht wie im Hôtel-Dieu in Paris, nach den Regeln des heiligen Augustin gelebt haben. 1317 erscheint ein letztes Mal urkundlich die Bezeichnung Bruder und Schwester. Später waren wohl Beguinen Wärterinnen, die einer Vorsteherin, „Mutter" genannt, unterstanden. So wird im Jahre 1420 eine „Else, nunne im spital zum heilgin Geist" erwähnt.

Das Hospital verfügte im Laufe der Zeit, wie schon berührt, über reiche Stiftungseinkünfte. Es besaß eine eigene Backstube und betrieb viel Viehzucht. So konnte ärztlicher Anordnung in bezug auf die Kost meist nachgekommen werden.

1465 wurde ein besonderer Raum für Schwerkranke eingerichtet. 1477 eine Abteilung für Geisteskranke, 1488 eine Abteilung für kranke Gefangene. Bis 1810 wurden Findelkinder verpflegt und groß gezogen. Alte Leute konnten sich, wie berührt, bis an ihr Lebensende im Spital einkaufen. Interessant ist die Notiz, daß 1451 der Stadtpfarrer den Kranken die Bücher wegnehmen wollte, sie aber auf Geheiß des Rates zurückerstatten mußte.

Schließlich sei noch ein Wort über die alte Baulichkeit des Hospitals gesagt. Das alte Heilig-Geist-Hospital am Main enthielt eine 1461 erbaute, große, 120 Fuß lange, 35 Fuß breite und 25 bis 30 Fuß hohe Halle, die mit ihrer von 6 Säulen getragenen, aus 2 Reihen von je 7 Kreuzgewölben bestehenden Decke, wie *Boehmer*, der die Halle noch sah, schildert, einen luftigen, von der Sonne beschienenen Krankensaal bildete. Die Schlußsteine der Gewölbe waren mit den Wappen der Wohltäter des Hauses verziert und die Halle mit der Kirche durch eine Tür verbunden, die den Kranken die Teilnahme am Gottesdienst gestattete. Wer das jetzt zu einer Gaststätte umgewandelte Mainzer Heilig-Geist-Hospital gesehen hat, kann sich mühelos die Raumanordnung und Inneneinrichtung unseres Hospitals vorstellen. 1840 wurde die Halle verkauft und abgetragen.

Überblicken wir die Geschichte des Hospitals, so sehen wir, daß das Hospital durchweg in erster Linie stets nur zur Behandlung akuter Krankheiten diente. Wenn sich sein Aufgabenkreis zeitweise erweiterte, so lag das an örtlichen Verhältnissen. Es hat manch heißen Kampf gegeben um die Selbständigkeit der Stiftung, und auch heute noch bestehen Meinungsverschiedenheiten über die Einordnung in den sozialen Aufgabenkreis der Stadt. Rein ärztlich betrachtet fanden sich früh Ansätze zur modernen Krankenbehandlung, Aufgaben, die dem Spital auch heute noch zukommen.

Das Hospital zum Heiligen Geist in Frankfurt a. M., wie es sich uns heute darstellt, ist eines der wenigen Heilig-Geist-Hospitäler, die ihrer geschichtlichen Bestimmung treu geblieben sind und sich mit der Zeit zu einem modernen Krankenhaus entwickelt haben.

Paracelsus und die Einführung chemischer Präparate als Heilmittel.

Von Ernst Darmstaedter, München.

Die Auffassung und Darstellung des „Iatrochemischen Zeitalters", das nach weit verbreiteter Ansicht einer alchemistisch eingestellten Zeit folgte und der Phlogistenepoche vorausging, bringt die Tatsachen in ein stark vereinfachtes Schema. Es ist zwar richtig, daß durch und nach *Paracelsus* starke Bewegungen für und gegen die mineralischen und sonstigen, nach chemischen Methoden gewonnenen Heilmittel am Werk waren, es ist aber auch sicher, daß solche Stoffe als Heilmittel schon in früherer Zeit benutzt worden sind. In jedem Falle wird es nötig sein, die Gesamtheit dieser Dinge klar zu übersehen, um zu richtigen Urteilen zu kommen. Die antike Medizin benutzte Mineralstoffe, in der Hauptsache als äußere Mittel, bisweilen wohl auch zum inneren Gebrauch. Die Reindarstellung solcher Mittel erforderte auch schon ein gewisses Maß von praktisch-chemischen Erfahrungen, und manche Vorgänge, wie etwa die Darstellung von Bleiweiß und Grünspan, wie sie von *Theophrast* und anderen antiken Autoren beschrieben wird, können als chemische Präparierung gelten. Die Hippokratiker gebrauchten z. B. Erdarten, Soda, Alaun, Schwefel, bleihaltige Substanzen, Kupferoxyd und Grünspan (basisches Kupferkarbonat), Arsensulfide (Auripigment, Sandarach), Eisenoxyd. Eine Reihe von mineralischen Stoffen wird bei *Dioskurides, Galen, Alexander von Tralles* und anderen genannt, und Namen und Art dieser Mittel will ich an anderer Stelle einmal eingehend nachprüfen, mit Berücksichtigung chemischer Vorgänge, die absichtlich oder zufällig bei der Gewinnung solcher Mittel sich abgespielt haben werden. Eine chemische Präparierung kann man z. B. die Darstellung des Psorikon bei *Dioskurides* und *Galen* nennen durch Vermischen der Lösungen von Chalkitis und Lithargyron in Essig und darauffolgendes Eingraben des Gefäßes mit dem Produkt in Dünger und zwar im Hochsommer, und für 40 Tage. Die große

Ähnlichkeit mit späteren alchemistisch-chemischen Angaben ist deutlich und auffallend. Daß die zahlreichen Produkte morgenländischer und abendländischer Alchemie wenigstens zum Teil auch medizinischen Zwecken gedient haben, kann kaum bezweifelt werden, wie denn ja auch das höchste ideale Produkt dieser vielfältigen Bemühungen, der „Lapis Philosophorum" nicht nur die „Corruptio" der unedlen Metalle überwinden, sondern auch die des Organismus der lebenden Wesen und also „kranke" Metalle und kranke Lebewesen heilen sollte. Und vor allem steht es fest, daß die chemischen Arbeitsmethoden, wie z. B. Destillation und Sublimation, die man später als besonders bezeichnend und höchst wichtig für die Gewinnung und Beurteilung der „neuen" Heilmittel ansah, schon durch die Bemühungen der älteren Ärzte und Alchemisten gefunden, vervollkommnet und beschrieben worden sind, wie z. B. von *Al Razi* und „*Geber*".

Ausdrücklich betont wird die Wichtigkeit der Chemie für die Heilkunde schon etwa 300 Jahre vor *Paracelsus* von *Roger Baco* (opus tertium); und es gab also neben technischer und alchemistischer Chemie (als Metallveredlungskunst) schon immer eine Art von pharmazeutischer und medizinischer Chemie, wie es auch neben anders gerichteten chemischen Ideen und Betätigungen des 16. Jahrhunderts und noch späterer Zeit noch immer eine Alchemie gab.

Solche Überlegungen und Nachprüfungen werden notwendig sein, wenn man Wirken und Einfluß *Theophrasts von Hohenheim* auf diesen Gebieten ruhig und sachlich feststellen will. Notwendig auch vor allem die möglichst genaue Feststellung der Paracelsischen Mittel und der Vergleich mit früher schon vorhandenen. Ich werde auf diese Dinge an anderer Stelle ausführlich eingehen, möchte hier aber wenigstens eine Anzahl von Substanzen mineralischer Herkunft nennen, die *Paracelsus* sehr wahrscheinlich gekannt hat und die hinter seinen „Arcana", „Magisteria" usw. zu suchen sind. Z. B. Goldchlorid, Silbernitrat und vielleicht Silberchlorid, sowie Nitrate und Chloride von Eisen, Kupfer, Blei. Dann, je nach Art und Konzentration der angewandten Säure, Zinnitrat, Zinnoxyd bzw. Metazinnsäure, Zinnchlorür und wahrscheinlich Zinnchlorid. Ferner Quecksilbernitrat und wahrscheinlich Quecksilberchlorid sowie vielleicht Quecksilberchlorür (Kalomel), wahrscheinlich Ammoniummercurichloride, das sogen. Sal Alembroth und vielleicht basische Quecksilbersalze. Auch Sulfate von Eisen und Kupfer und vielleicht unreine Wismut- und Kobaltsalze sowie Antimon- und wohl arsenhaltige Präparate, wie Antimontrichlorid und Oxychlorid (Algarothpulver), die sich hinter dem Arcanum Mercurii Vitae verbergen. Schließlich Alkalien und alkalische Erden, auch

Kalium und Natriumsulfat, Phosphate und kolloidale Metallpräparate, z. B. in dem „Aurum Potabile". In allen diesen Fällen wird man allerdings kaum an reine Substanzen im heutigen Sinne denken können. Von Säuren kamen in Betracht: Salpetersäure, Salzsäure, Königswasser, Schwefelsäure und wahrscheinlich schweflige Säure. Wahrscheinlich auch Ätherschwefelsäure, durch Destillation von Alkohol mit Schwefelsäure entstanden.

Dazu ist zu sagen: Einfache chemische Vorgänge kannte, wie erwähnt, die Antike. Mit Metallen und Metallverbindungen, mit Schwefel, Arsenik, Antimon befaßt sich schon die ganze ältere Alchemie. Mineralsäuren, mit denen man dann Metallsalze darstellen konnte, kannte man seit etwa dem 13. Jahrhundert. Manche Metallverbindungen hatte man auch schon ohne sie gewinnen können, wie z. B. Quecksilbersublimat durch Erhitzen von Quecksilber mit Kochsalz, Salpeter und Eisenvitriol, eine Methode, die z. B. bei „*Geber*" beschrieben wird. Die genannten Substanzen werden also zum großen Teil zu *Hohenheims* Zeit schon bekannt gewesen sein. Andere chemische Verbindungen kamen natürlich im Laufe der Zeit, auch durch *Hohenheim* und seine Anhänger und Nachfolger hinzu, aber man muß sich klar darüber sein, daß ein Mehr oder Weniger von einigen Heilmitteln den Kern der eigentlichen und merkwürdigen Fragen *nicht* berührt. *Paracelsus* hatte beansprucht, auch mit seinen *Heilmitteln*, besonders seinen Arcana, Magisteria usw. ganz *Neues* und Hervorragendes zu bringen, und aus diesem Anspruch vor allem erwuchs der Kampf für und wider *Paracelsus* und seine Mittel, erwuchsen die Meinungsverschiedenheiten, die zudem durch die oft absichtlich undeutliche Ausdrucksweise *Hohenheims* begünstigt wurden. *Hier* soll nur kurz gesagt werden, daß *Hohenheims* Arcana-Lehre, wie sie besonders in den Archidoxa zum Ausdruck kommt, sehr stark auf der älteren Lehre von den Elementen und Grundstoffen, auf philosophisch-alchemistischen Vorstellungen beruht, und zwar vor allem in dem Sinne, daß die verarbeiteten Ausgangsmaterialien, Metalle, Mineralien, pflanzliche und tierische Stoffe, bis zu ihren *Grundstoffen*, ja bis zur *Urmaterie* und bis zum Freiwerden der *Urkräfte* mit heilsamster Wirkung aufgespalten werden sollten. Erst diese — berechtigte oder nichtberechtigte — Auffassung *Hohenheims* macht seine Überzeugung von der eigenen Überlegenheit und sein heftiges Auftreten gegen die Heilmittelgebräuche, gegen die Durchschnittsärzte und Apotheker seiner Zeit ganz verständlich, die ihm zu gleichgültig und oberflächlich erschienen.

Wenn man so Verschiedenartiges überhaupt vergleichen kann, möchte man bei dieser auffallenden sicheren und überzeugten Haltung *Hohenheims* an *Goethes* Überzeugung von der Richtigkeit seiner Farbenlehre denken und an die scharfe Polemik des — um mit *H. von Helmholtz* zu reden — sonst so hofmännisch gemäßigten Dichters gegen *Newton*.

Paracelsus konnte seine immer wiederholten Verherrlichungen seiner Arcana nicht in dem Maße fest begründen, daß er Mit- und Nachwelt durchweg überzeugte, zumal seine Ausdrucksweise und seine naturphilosophisch-alchemistische Grundauffassung im Laufe der Zeit wohl auch immer weniger verstanden wurde. So kam es, daß *Hohenheims* System großer Heilmittel — Arcana, Magisteria, Quintessenzen und dergl. — in der von ihm selbst begründeten Form keine sehr große Verbreitung fand und daß diese Namen schon bei *Libavius* und dann bei späteren Sachkennern andere und einfachere Bedeutung bekamen, und zwar immer mehr die von chemischen Verbindungen in neuerem Sinne. Der Streit der Parteien um die mineralischen und besonders um die mit Hilfe chemischer Methoden dargestellten Medikamente, wie auch die ganze weitläufige Literatur darüber, seit *Paracelsus*, ist öfters geschildert worden; ausführlich, auf Grund guter Kenntnisse, z. B. von *Joh. Friedr. Gmelin* in seiner 1797 erschienenen Geschichte der Chemie.

Hier soll untersucht werden, wie und wann sich mineralische und andere durch chemische Präparierung dargestellte Substanzen als Heilmittel so durchsetzten, daß sie von Behörden, Ärztekollegien und dergl. amtlich anerkannt wurden. Die Prüfung einiger älterer Pharmakopöen soll etwas Klarheit darüber bringen. Dabei muß wieder, wie oben schon angedeutet, die Beziehung zwischen *Hohenheims* „großen Mitteln", den Arcana usw., und den chemischen Verbindungen in unserem Sinne, beachtet werden, die sich offenbar hinter diesen Arcana verbergen und mit ihnen identisch sind. Z. B.: Was für *Hohenheim* eine Quinta Essentia eines Metalles war, bezeichnete man später als Metallsalz. Oder: *Hohenheims* Arcanum Mercurii vitae erscheint bei guter Nachprüfung der Darstellungsweise als Antimontrichlorid. Zu solchen Ergebnissen kommt man durch Nachprüfung Paracelsischer Angaben auf Grund der chemischen Anschauungen unserer Zeit. Die Angaben *Hohenheims* sind aber oft dunkel und es ist in seinen Schriften nicht selten von geheimnisvollen Reagentien ohne Kennzeichnung die Rede, wie etwa vom „Circulatum", über das sich auch die älteren Autoren vom 16. Jahrhundert ab nicht einig sind. Ferner werden von *Hohenheim* die Vorgänge, wie oben schon gesagt wurde, in alchemistischem Sinne geschildert. Infolgedessen wird gerade in der neueren und neuesten Zeit gelegentlich wieder die Art, Natur und Brauchbarkeit der Paracelsischen „alchemistisch-spagyrischen

Mittel" erörtert und geprüft. Dieses Problem soll hier *nicht* behandelt werden.

In den *Pharmakopöen*, auch den älteren, ist die Art und Bezeichnungsweise — z. B. für Substanzen — eine ganz Nüchterne, dem naturphilosophisch-alchemistischen Abgewandte, und wenn z. B. von „Magisterien" gesprochen wird, ist, wie wir sehen werden, Sinn und Bedeutung ein anderer wie bei *Hohenheim.* Eine bibliographische und sachliche Bearbeitung der Pharmakopöen ist von mir vorbereitet; *hier* sollen nur einige Beispiele herangezogen werden.

Die „Pharmacopoeia Seu Medicamentarium pro Rep. Augustana", Augsburg 1573, bringt noch in der Hauptsache die zusammengesetzten Mittel, nach *Galen, Alexander von Tralles, Rases, Avicenna, Mesue* und den übrigen bekannten alten Autoritäten. Wie schon im Altertum und Mittelalter werden auch mineralische Stoffe angegeben, z. B. Lemnische Erde, Bolus, Korallen, Perlen, Edelsteine, wie Smaragd, Hyacinth, Granaten, Blattgold und Silber, z. B. für ein „Laetificans Galeni ex Nicolao Praeposito". „Nitrum" wird neben Pflanzenstoffen, z. B. für Pillen nach *Alexander von Tralles* gebraucht, wobei wahrscheinlich mancher Irrtum vorgekommen sein wird, wenn man statt des ursprünglich wohl sicher gemeinten νίτρον-Soda, vielleicht gelegentlich Salpeter verwendete. Einige Mineralstoffe werden für äußerlichen Gebrauch angegeben, wie z. B. Lithargyrum, Cerussa, Minium, also Bleipräparate, für Pflaster, Cadmia, Plumbum ustum, Aes ustum, Antimonium, Tutia, für Collyria, Augenmittel, besonders für die „Collyria Sicca, Quae Arabibus *Sief* appellantur". Das alles geht natürlich auf älteste Rezepte zurück, wie sie z. B. ausführlich bei *Alexander von Tralles* zu finden sind. (Vgl. die Ausgabe von *Th. Puschmann*, z. B. Bd II, S. 34). Die Liste der „Simplicia Medicamenta quae in officinis nostris prostant" enthält auch ziemlich viele Simplicia Metallica, wie z. B. Gold und Silber-Folie, Quecksilber, weißen, gelben und roten Arsenik (Sandarach, Auripigment), verschiedene Alaunarten, Antimon (Schwefelantimon), Aes ustum — Kupferoxyd —, mit besonderer Erwähnung eines roten Kupferpräparates, das nach dem Verreiben dem Zinnober ähnlich ist und Kupferoxydul war, das durch Erhitzen von Kupfer bei nicht zu starkem Luftzutritt entsteht. Dann Cuperosa, Vitriolum album praeparatum, offenbar durch Erhitzen entwässerter Kupfervitriol und Chalcitis, Vitriolum album, wohl Zinkvitriol. Künstlicher Zinnober, aus Quecksilber und Schwefel bereitet und „Mercurius sublimatus et praecipitatus. Hydrargyros Graecis", womit also offenbar nicht „Quecksilbersublimat" (Quecksilberchlorid) gemeint ist, sondern metallisches

Quecksilber, das durch Sublimation gereinigt wurde. Von Eisen wird Ferri squama genannt, dem Eisenhammerschlag, Eisenoxyduloxyd (Fe_3O_4) entsprechend und Ferri Rubigo, Eisenoxyd. Ferner Bleioxyd, Mennig, durch Erhitzen von Blei oder Bleiweiß gewonnen sowie metallisches Blei und Zinn und „Plumbago, Galena, Glantz", also Bleiglanz, Bleisulfid. Genannt werden in dieser Liste außerdem einige Salze, wie Sal Ammoniacum, Sal Alkali, „Sal gemmeus fossilis", also Steinsalz. Ferner Schwefel, Talcum, verschiedene Erden, eine Reihe von Steinen und Edelsteinen und auch Asphalt, Bitumen und Bernstein. Diese Aufzählung zeigt schon, daß der Apothekenbestand an Mineralstoffen um 1580 im großen ganzen noch den *antiken* mineralischen Heilmitteln entsprach, wie sie z. B. bei *Dioskurides* beschrieben werden.

Man mußte aber doch in irgendeiner Weise mit „modernen" chemischen, d. h. mit Hilfe chemischer Methoden gewonnenen Mitteln rechnen, die nicht offiziell hergestellt und verkauft wurden und beim Volk beliebt waren. *Wie* das geschah, zeigt sehr schön ein „Amplissimi Senatus Augustani Decretum ad Medicos, pharmacopaeos et alios pertinens" vom 20. Januar 1582. Es werden hier verschiedene Berufs- und Standesfragen erörtert und es wird auch festgesetzt, daß niemand verpflichtet ist „arcana, secreta seu ut Empirici loquuntur, magnalia sua collegis patefacere", wodurch also die übrigens naheliegende Tatsache von Amts wegen festgestellt und sanktioniert wird, daß der Arzt neben den von altersher üblichen Mitteln auch von ihm für gut befundene „Arcana" anwenden kann (Absatz IX) und zwar in sekreter Weise. Vor den „Chymicis popularibus" wird aber (Absatz XVII) gewarnt, die das Volk mit ihren giftigen Metallpräparaten, Destillaten und Tinkturen betrügen. Man sah ein, daß die mit chemischen Methoden dargestellten Mittel nicht mehr ganz ausgeschaltet werden konnten und machte (Absatz XXVI) bekannt, daß Extrakte, Destillate, Quintessenzen, Öle und Salze in den Apotheken oder von ihren Beauftragten nach den Regeln der Kunst (rite) hergestellt werden dürfen, so daß sie im Notfall vorhanden sind. Es wird aber einschränkend hinzugefügt (Abs. XXVII), man solle nicht glauben, daß nun alle Heilmittel der Apotheken, Simplicia und Composita, unbedingt mit Hilfe der neuen Methoden, durch Extraktion Destillation oder Sublimation bereitet werden müßten, „ut Chymici somniant, qui unico vasculo omnia Medicamenta complecti atque omnibus ita mederi posse arbitrantur"; oder mit anderen Worten, die heute wie damals zutreffen: man solle nicht glauben, daß die neuesten modernsten Heilmittel immer die besten seien.

Außerdem wird ausdrücklich darauf aufmerksam gemacht (Absatz XXIV), daß einige gefährliche Präparate, wie „Labdanum minerale dictum Antimonium, Turpetum minerale, et reliqua medicamenta purgantia mercuriata" nur auf Grund der Autorität und Zustimmung eines Arztes in den Apotheken hergestellt und verkauft werden dürfen, damit das Publikum nicht geschädigt wird.

Man sieht also deutlich, daß die „neuen Mittel" begehrt waren und daß die Behörden sich damals — 1582 — ausführlich mit den „modern" gewordenen Mitteln befaßten. In der Hauptsache wird es sich dabei wohl um Antimon und Quecksilberpräparate gehandelt haben, bei denen die empfohlene Vorsicht sehr am Platze war. Man war also noch ganz im Stadium der Versuche und dachte noch nicht daran, diese Mittel, über deren Art und Darstellungsweise man sich auch noch nicht immer und überall ganz klar gewesen sein wird, in die offiziellen Pharmakopöen aufzunehmen. Daran änderte sich zunächst nicht viel und die Pharmacopoeia Augustana von 1597 entspricht fast ganz der von 1573.

Das merkwürdigste bei allen diesen Erscheinungen ist die Tatsache, daß man offiziell nicht nur den „Neuen Mitteln", sondern sogar den chemischen Methoden, mit deren Hilfe sie dargestellt wurden, so fremd und mißtrauisch gegenüberstand. Es handelte sich ja, wie oben erwähnt, um die altbekannten Arbeitsbehelfe der Alchemie und Chemie, um Destillation, Sublimation und dergleichen, die zudem auch für Gewinnung von Heilmitteln schon längst angewandt und z. B. von *Brunswick*, *Ulstadtius* und Anderen weitläufig beschrieben worden waren. Die Zurückhaltung der Behörden, die sich ihrerseits wieder auf Ärztegutachten gestützt haben werden, war aber wohl in der Hauptsache durch Mißbräuche und Betrügereien der erwähnten „Chymici Populares" verursacht und verstärkt worden, dann aber wahrscheinlich auch durch die Verbreitung und gefährliche Wirkung privater und zum Teil populärer Rezeptbücher. Erfahrungen mit Giften und Vergiftungen werden zudem gerade in jenen Zeiten in Erinnerung gewesen sein und Vorsicht gelehrt haben. Ein Beispiel nur:

In dem Rezeptbuch einer Dame für Damen, mit Vorschriften für Schönheitsmittel und andere mehr oder weniger geheime Dinge, „appartenenti a ogni gran Signora. Con altri bellissimi Secreti aggiunti", in den „Secreti della Signora Isabella Cortese", die 1565 in Venedig erschienen, wird den Lesern und Leserinnen z. B. auch die Darstellung recht gefährlicher Mittel, wie z. B. Quecksilbersublimat (Chlorid) gelehrt, und anderer „Cose minerali, medicinali, artificiose et Alchimiche".

Daß die Behörden Mißbräuche nicht stützen und erleichtern wollten, ist begreiflich, aber vielleicht wurde gerade durch diese Zurückhaltung das Treiben der Quacksalber mehr gefördert als verhindert. Im 16. und im ersten Drittel des 17. Jahrhunderts waren nun aber so viele und zum Teil gute Werke über pharmazeutische und medizinische Chemie erschienen — wie z. B. von *Quercetanus, Libavius, Angelus de Sala* — und die Bewegung war so stark, daß auch die Behörden nicht ganz zurückstehen konnten.

Auf die Dauer war die Darstellung und Verwendung „chemischer Mittel" nicht zu verhindern, und man entschloß sich daher dazu, der Pharmacopoea Augustana von 1640, also rund hundert Jahre nach *Hohenheims* Tod, eine „Mantissa Hermetica" beizugeben, 25 Folioseiten mit Rezepten für Spiritus Simplices, Spiritus Compositi, für Elixire, Essenzen, Tinkturen, Olea Destillata, Balsama, Magisteria, Sales, Flores, Croci und dergleichen, allerdings mit Mahnungen zur Vorsicht.

Viel Verständnis für *chemische* Zusammenhänge gibt es hier allerdings noch nicht und neben dem Spiritus Absinthii oder Rosarum wird z. B. die Darstellung des Spiritus Salis — Salzsäure —, nach dem bekannten Verfahren durch Erhitzen von Kochsalz mit Tonstücken (bei Gegenwart von etwas Wasser) beschrieben und die des Spiritus Sulphuris nach dem bekannten Verfahren „Per Campanam" durch Verbrennen von Schwefel unter einer Glasglocke.

Noch lange Zeit war diese etwas primitive Einteilung der Stoffe, z. B. nach ihrer Flüchtigkeit als „Spiritus", gebräuchlich, ohne besondere Berücksichtigung der Herkunft. Daher kommt es denn auch, daß zu den „neuen Mitteln" nicht nur Mineralstoffe, also anorganische Verbindungen gehörten, sondern auch Mittel pflanzlicher und tierischer Herkunft, sofern sie nur durch chemische Verfahren, z. B. durch Destillation, gewonnen wurden. Dabei ist die schon angedeutete Feststellung wichtig, daß die Elixire, Essenzen, Magisterien immer mehr ihren ursprünglichen tieferen, naturphilosophisch-alchemistischen Sinn, den sie noch bei *Paracelsus* hatten, verlieren und zu pharmazeutischen Präparaten in neuerer Bedeutung werden. „Magisterium" wurde z. B. zu einer Bezeichnung für Praecipitate und feine Pulver und blieb bis in unsere Zeit in einigen Namen erhalten, wie z. B. „Magisterium Bismuti".

Von Mitteln der Ausgabe von 1640, die aus Metallen gewonnen wurden, nenne ich eine „Essentia Martis", durch Erhitzen von Eisenfeile mit starkem Essig, Filtrieren, Eindampfen, Aufnehmen mit Weingeist. Beschrieben wird z. B. auch die Darstellung verschiedener Antimon- und Quecksilberpräparate, wie die von Sublimat, von Kalomel, rotem Praecipitat und Turpethum Minerale.

Nach weiteren 40 Jahren hat sich die Lage wieder etwas geändert. Die Durchsicht der Pharmacopoeia Augustana von 1684 zeigt, daß die Spiritus, Elixiria, Essentiae, Tincturae, Olea, Balsama, Extracta, Salia, Flores und sonstige „Pulveres Chimici" nun endgültig und ohne Vorbehalte in die Pharmacopöe aufgenommen sind, wo sie die 20. bis 22. Klasse der gesamten Heilmittel einnehmen, mit je zwei Abteilungen, welche die gebräuchlichen und weniger gebräuchlichen Mittel enthalten. Hier taucht auch der Name *Paracelsus* auf, 140 Jahre nach seinem Tode, in Verbindung mit dem Elixir Proprietatis aus Aloe, Myrrhe und Crocus, wie es *Paracelsus* im 8. Buch der Archidoxa beschrieben hat.

Die Prüfung *anderer* Pharmakopöen zeigt die gleichen Verhältnisse: zuerst Festhalten an den alten Mitteln und langsame Aufnahme der „Neuen chemischen Heilmittel", neben den alten und uralten der oben erwähnten antiken Autoritäten, die bis weit in die neuere Zeit hinein zitiert werden. In Pharmakopöen des 18. Jahrhunderts, z. B. in der reichhaltigen Pharmacopoea Wirtenbergica von 1741, liest man neben den alten auch neue Namen: *Helmont, Glauber, Boerhaave, Stahl.* und auch *Paracelsus* wird gelegentlich genannt. Aber im ganzen kommt das Wirken *Hohenheims äußerlich* nicht sehr stark zur Geltung, und das Verständnis für seine Ideen wurde mit der Zeit geringer: Das Verständnis für seine große philosophische, oft religiös empfundene Auffassung von der ewigen „Arznei", von der hohen Aufgabe der Alchemie, die göttlichen Arcana in irdischer Gestalt zu gewinnen und als großartige Heilmittel der Menschheit zugänglich zu machen. Aber bei tieferer Einsicht erkennt man, daß sein Wollen nicht zwecklos war und daß die Strahlen, die von seinem Willens- und Kraftzentrum ausgingen, bis in die neuere, bis in unsere Zeit wirken. Es war durchaus falsch, zu behaupten, — wie es öfters geschehen ist — daß *Paracelsus* „die Chemie von den Fesseln der Alchemie befreit" habe und daß er sozusagen ein „moderner" Forscher war. Mit solchen Auffassungen erweist man diesem großen Geist keinen guten Dienst. Sein Lebenswerk war ohne Zweifel und notwendigerweise mit naturphilosophischen und „alchemistischen" Gedankengängen verbunden, die weit in die Antike zurückreichen. Aber nur mangelndes Verständnis könnte das mit herabsetzender Betonung feststellen. Der Rahmen, in dem sich grundlegende Anschauungen zeigen, ist von der Zeit abhängig und etwas verhältnismäßig Unwichtiges, Äußerliches; aber der *Gedanke* lebt.

Wenn *Paracelsus* etwa das, was wir heute ein Metallsalz nennen, als die Quintessenz des Metalles ansah, so war dies eine Denk- und Vorstellungs-*Form*, die sich mit der Zeit wandeln mußte und wandeln konnte, ohne den Gedankeninhalt zu schädigen oder zu mindern. Seine Grundidee, die Naturstoffe in möglichst wirkungsvoller Form und Art zu ihrer von der Natur gegebenen Heilwirkung zu bringen, die wirksamen Teile und Stoffe in konzentrierter und günstiger Form zu gewinnen und anzuwenden, setzte sich durch und ist in neuer Gestalt heute wieder lebendig. So scheint der Grundgedanke der Chemotherapie *Ehrlichs* manchen Vorstellungen *Hohenheims* nicht fern zu stehen, und *Theophrast von Hohenheim* selbst würde wahrscheinlich einige moderne Heilmittel als „Arcana" in seinem Sinne anerkennen, wenn er ihren durchdachten zweckmäßigen Aufbau und ihre Wirkung beobachten könnte.

Paracelsus und Wundheilung.

Von Walter v. Brunn, Rostock.

Hohenheim setzt über sein Werk in der ersten Zeile, die von ihm
in Druck gegeben wurde, in seinem Baseler Programm, die Worte:
„Experimenta ac ratio auctorum loco mihi suffragantur!" Nicht
wolle er, wie die vor ihm, alte Weisheit zum soundsovielten Male
wiederholen, sondern nur vorbringen, was er selbst gesehen, erfahren und durchdacht habe.

Mit den Schriften der Alten war er wohlvertraut: Der gelehrte
Vater, ein erfahrener Arzt, hat ihn schon früh in den Anfangs-
gründen unterwiesen; dann hat der junge wissensdurstige Student
auf den angesehensten Hochschulen sich mit der Schulmedizin
seiner Zeit wohl vertraut gemacht; in Villach und in Schwatz, dort,
wo heute noch die Berghänge von zahlreichen alten Stollen durch-
setzt sind, wo damals wohl Tausende von Bergleuten beschäftigt
waren, hat er Leben und Arbeit und Berufskrankheiten des Berg-
manns kennengelernt und hat in den Schmelzhütten die modernen
Methoden der Chemie studiert, auf der er später seine neue Lehre
vom Leben, von Entstehung und Heilung der Krankheiten auf-
bauen sollte. Und dann hat er jahrelang weite Gegenden der Welt
durchwandert, überall lernend, wo überhaupt es etwas zu lernen
gab. Mit scharfem Auge beobachtete er überall Krankheiten und
Seuchen in ihrer Eigenart, so wie einst *Hippokrates* schauend durch
die Lande weit um seine Heimat herumgezogen war. So hat er auch
in Feldzügen eigene Erfahrungen in der Wundheilung und in Entstehung, Verbreitung und Bekämpfung von Kriegsseuchen sammeln
können.

Und auch später noch, als er nach kurzem Aufenthalt in Basel
bis an sein frühes Lebensende, ein Wanderer voller Unrast, hin
und her durch die Lande zog, heilend und lehrend, dazwischen in
Eile sein Wissen niederschreibend, hat er viel Gelegenheit gehabt
und wahrgenommen, seine Kenntnis der Wundheilung zu mehren.

Über die gewaltige Bedeutung dieses großen Problems der Heilung der Wunden war er sich ganz im klaren; jahrhundertelang, ja

solange als es Ärzte gegeben hat, hatte man hierum gerungen, ohne zur Klarheit zu gelangen.

So drängte es ihn mit unwiderstehlicher Kraft, der Mitwelt von seinen Anschauungen über Wundheilung, die in wesentlichen Punkten von dem abwichen, was man von jeher gelehrt und geschrieben hatte, Kunde zu geben; gleich in den zwei Semestern 1527 und 1528, in denen er in Basel Kolleg gehalten hat, hat er, und zwar in deutscher Sprache, über „Die Chirurgie der Wunden" gelesen und über geschwürige Veränderungen der Haut.

Ebenfalls sehr früh hat ihn eine allgemeine Chirurgie beschäftigt, die als sogenannte „Berthonea" bereits 1528 in Kolmar abgeschlossen wurde, eine nicht ganz vollendete Ausarbeitung, vom Autor auch als „Drei Bücher der Wundarznei" bezeichnet. — Acht Jahre hat er dann auf seinen vielfältigen Wanderungen wiederum Erfahrungen gesammelt, bis er sich entschloß, um die Wende des Jahres 1535 zu 1536 seine „Große Wundarznei" niederzuschreiben, eins der wenigen Werke, das noch zu seinen Lebzeiten die Presse verlassen hat und einen derartigen Erfolg hatte, daß schon nach sechs Monaten eine neue Drucklegung notwendig wurde.

Ausübender Chirurg im engeren Sinne ist *Hohenheim* nicht eigentlich gewesen, abgesehen von den frühen Zeiten seines Lernens auf der Wanderschaft; er scheint sich mit Chirurgie nur insoweit befaßt zu haben, als der gelehrte Allgemeinarzt seiner Zeit dies zu tun pflegte. Die eigentliche „Hantwirkung", die operative Kunst der Praktiker seiner Zeit, hat er offenbar nicht ausgeübt. Wie hoch er aber die Wundarzneikunst achtete, wie sehr er ihre Abtrennung von der übrigen Medizin verwarf, ersehen wir aus seinem Wort: „Kein Sect soll in der artzney aufgeworfen werden, denn einerley ist die artzney". Will man ein einigermaßen gerechtes Urteil fällen über das, was *Hohenheim* an neuen Gedanken in die Erörterung über diese Fragen hineingetragen hat, und darüber, wie er dies sein Wissen in seine Zeit hineingerufen hat, so muß man sich in die Anschauungen und in die Praxis hineindenken, wie sie zu seiner Zeit gelehrt und geübt wurden. (Des Näheren hierauf einzugehen, verbietet der Raum.) — Wir wissen, daß außer der ganz kurzen Episode der *Borgognoni* in Bologna und *Mondevilles* überall das Dogma galt, und zwar bis tief ins 19. Jahrhundert hinein, daß Wunden fast ausnahmslos nur durch Eiterung heilen könnten; man suchte sie in mannigfaltiger Weise zu befördern und nahm die vielfältigen damit verbundenen bedrohlichen Krankheitserscheinungen mit in Kauf, allerdings ohne zumeist den Zusammenhang zwischen Eiterung und Allgemeinerscheinungen zu ahnen. Hinzu kam in letzter Zeit die grausame Behandlung der Schußwunden mit siedendem Öl und anderen Quälereien.

Der große Schritt vorwärts, den hier *Paracelsus* gegangen ist, ist der, daß er der *Naturheilkraft* wieder zur Achtung verholfen hat! *Neuburger* sagt von ihm in seinem Buche „Die Lehre von der Heilkraft der Natur": „Er war im Beginn der Neuzeit der erste, der in flammenden, noch heute überzeugend klingenden Worten für die allzusehr mißachtete Heilkraft der Natur eingetreten ist. Wie weit voneinander stehende Gipfel der Berge sich grüßen, so reichen sich Geistesriesen die Hände, hinweg über die Schranken der Zeit. Darum nimmt *Hohenheim* nur den einzigen *Hippokrates* von dem zermalmenden Urteil über die medizinische Vergangenheit aus, weil auch der koische Meisterarzt die Heilkraft der Natur voll erfaßt und ihr im Wirken am Krankenbett zum gebührenden Recht verholfen hatte."

Auch der Wundheilungsprozeß ist für *Hohenheim* durchaus das Werk der Natur!

In seinem „Paramirum" von 1531, jenem Werke, in dem er seine Anschauungen über die Krankheitsätiologie mit jugendlichem Schwung entwickelt, heißt es im 2. Buche, Caput 2: „Also ist der mensch sein arzt selbst; da so er der natur hilft, so gibt sie im sein noturft und gibt im also sein garten nach inhalt der ganzen anatomei. dan so wir am grüntlichsten allen dingen nachdenken und trachten, so ist unser eigen natur unser arzt selbst, das ist sie ist die, so in ir hat das sie bedarf. secht von außen mit den wunden; was gebrist der wunden? nichts als alein das fleisch, das muß von innen heraus wachsen und nit von außen hinein, drumb so ist die arznei der wunden alein ein *defensif* das die natur von *außen an kein zufell* hab und ungehindert bleibe in irer wirkung. also heilt sie sich selbst und ebnet und ordnet sich selbst, als dan die chirurgie ausweist und lernet der erfarenen arzeten. dan mumia ist der mensch selbst, mumia ist der balsam der die wunden heilt. der mastix, der gummi, die glett & vermögen nit ein tropfen fleisch zu geben, aber zu *defendiren* die natur, das ir fürnemen abstat gefürdert werd. nun also ists auch im leib mit seinen krankheiten. so sie alein defendirt wird, so ist sie die, die ir selbs all krankheiten heilt, dan sie weiss, wie sie die heilen sol, der arzt mags nit wissen, drumb so ist er alein einer, der der natur den beschirm gibt."

Im 1. Buche der „Berthonei" legt er im Kapitel II dar, wie er grundsätzlich über Wunden und Wundkrankheiten denkt: „Erstlich sollet ir wissen, was ein wunden sei, in was weg die wider die natur ist und was gestalt ein krankheit ist also: so ein wunden in eim leib geschicht, so werden zwo ursachen der krankheit; *dan die wund an ir selbs ist kein krankheit, aber der zufal ist eine.* darumb sollen ir wissen, das zwei widerwertige ding einer ieglichen wunden angeboren seind: die scheidung des körpers in seiner substanz, also das die inwendig anatomei gespalten und zerbrochen, dardurch der lauf der natur gehindert wird. das ander widerwertig ist, das hinzu fellt mitsampt dem streich die *widerwertikeit der eusseren elementen* also schnel und behend, das man sich in kein weg vor dem selbigen widerwertigen erweren mag. darumb derselbig zufal, so ausserhalb der anatomei zerbrechung geschicht, dem auswendigen chaos zugelegt sol werden." ... „Dergleichen von der andern widerwertikeit merkend, so der streich beschehen ist, das *der wunden gleich ein zufal begegnet wie einem ei.* alsbald dasselbig geöfnet wird, so empfahet der klar und dotter im selbigen augenblik ein solche vergiftung von dem eussern luft, das fürhin dasselbig ei in sein alt wesen nimermer komen mag. und ob schon die schal den subtilesten spalt empfangen hette, so sein möchte, und müglich wer im selbigen augenblik wider zu zuheilen, noch gehet dasselbig ei nimermer in sein volkomen wesen. weiter zu gleicher weise, was *demselbigen ei zusteht,* feulung, ausdorrung, schwindung, resolvirung des klars und dotters, verderbung der schalen, solches alles *begegnet dem leib durch die beschehene wunden.* also widerwertig ist der ausser zirkel des fünften wesens. ... Beschauet einen apfel, so der ein schnit empahet, denselbigen feulet und verderbet nichts anders, dan der eusser luft, der im in sein zirkel gangen ist. ... Gleich als in einem baum, der verwundet wird, der mumia des baums denselbigen spalt anfülle und sich in spalt lege, sonst faulet der baum und dorret aus am selbigen ort ... *gleich wie ein schwert, das mit gift verunreinigt* wird und weiter ein wunden damit geschlagen wird, so wird dieselbige wunden geschwellen und auflaufen ... und wie die *wunden* vom *gift* ein anfal empfahet, also empfahet sie es auch *vom widerwertigkeit des lufts.* darum ein wunden nit ler sol stehen oder offen, sonder alemal mit mumia umgeben und nach art der eussern infection der anfal in geschwulst, hiz oder ander widerwertikeit gewendet werden" ... „du solt auch in keinerlei weg die wunden heften; wan is ist ein anfang der verderbung der wunden". ... „Demnach so sol die wunden bereit werden also: so sie noch blutet, das blut stillen, demnach den mumiam darüber gelegt und dich *nit bekümern lassen, ob beinstück oder ander dergleichen ding in der wunden bleibe, in keinerlei weg mit zangen oder eisen darin grübeln,* wan solche reinigung stet dem mumia zu, der es bass kan füglicher ausziehen, dan die eisen und zangen. wiewol deine gelbe büchslin ursachen, das du musst grübeln. darumb durch dein messin scatelen und grüteln du alle wunden verderbest; heilest oben zu und lesst den boden faulen.“

Hohenheim äußert sich auch mehrfach über den Begriff der „mumia“. Er unterscheidet die innere mumia, das ist die Naturheilkraft bzw. auch die Wundflüssigkeit (Blut und Lymphe) und die äußere mumia: Von ihr sagt er hier im 1. Buch gleich im Anfang: „Anfenglich ist mumia die, die alle wunden heilet, das ist der süss mercurius. dan hie scheidet sich der süss und der saur von einander; der süsse von wunden zu erkennen ist, der saur den ofenen scheden zugeben wird … der süsse ist nun der, von dem die wunden geheilt werden.“

Paracelsus, der die Chemie der Medizin nutzbar macht, empfiehlt für frische Wunden zum Schutz vor äußerer „Verderbung“ den Calomel, während er chronische geschwürige Prozesse lieber mit Sublimat behandelt. Er kennt sehr verschiedene „mumia“, die er je nach Art des Schadens und der verwendeten mumia verschieden lange auf den Wunden liegen läßt. „Etlich ligen von anfang der wunden bis sie gar geheilt, also das unter eim pflaster ein wunden zuheilet.“

Und weiter sagt er im 14. Kapitel: „Wan ich acht das für den rechten grund und merest kunst, nicht das ein wunden alein geheilet werde, sonder mer das zukünftiger schaden nit zu erwarten sei. zuheilung der wunden ist einem hund angeboren, ich wil geschweigen einem menschen, aber *fürkomung vorbemelte krankheiten und zufell wird der kunst zugemessen* und nit der angebornen art.“

Von der „äußeren mumia“ spricht er in den uns erhalten gebliebenen handschriftlichen Entwürfen zur Berthonea: „Sehend ein ei an das ein spalt hat, einmal gets in die schirmung, einmal in die feule &“ … Wunden „sollen durch den eusseren mumia behalten werden, also das da kein zufell grösser werden, sondern das er gestilt werde.“

Acht Jahre später in seiner „Großen Wundarznei“ kehren ähnliche Gedankengänge wieder; im 1. Kapitel heißt es: „Du solt wissen, das sich die natur nit ubernöten lasst noch in ein ander wesen treiben, dan ir natur ist. *du musst ir nach und sie dir nit“* … „dan sie folget dir nit, du musst nun ir folgen. das ist die kunst, das du der natur bequeme arznei erkennest“ … „also unterstant dich nit unmügliche ding.“

Das 2. Kapitel des 1. Buches ist das bekannteste: „Damit und du verstandest, was das seie, das ein wunden heilet, dan on solches magstu kein arznei bequemlich erkennen, so solt du das wissen, das die natur des fleisches, des leibs, des geeders, des beins in ir hat ein angeboren balsam, derselbig heilet wunden, stich und was dergleichen ist. das ist so vil geret, der balsam der natürlich im bein ligt, der heilet die beinbrüch, der balsam der natürlich im fleisch ligt, heilet das fleische. also mit einem ieglichen glid zu verstehen ist, das ein ieglichs glid *seine eigne heilung in im selbs* tregt. und also hat die natur iren eignen arzet in irem eignen gelide, der das heilet das in ir verwundet wird. *also sol ein ieglicher wundarzet wissen, das er nit der ist der da heilet, sonder der balsam im leib ist der da heilet.* so aber der arzet vermeint, er sei der der da heile, so verfürt er sich selbs und erkennet sein eigne kunst nit." „dan das ist einmal gewiss und vor augen, so die wunt offen ist und nit bewart oder beschirmpt, das sie in keinerlei weg mag ir würkung vollbringen. *darumb der wol beschirmen und behüten kan, derselbig ist ein guter wundarzet.* also ist der wundarzet durch die arznei ein schirmer der natur vor den eussern elementen, die wider die natur streben. ... als ein exempel: was ist das das da machet das fleische, die feiste, das schmer, das blut, das mark & wachsen? der mensch nit, die speis nit, aber die natur hat ein wachsende und merende kraft in ir, dieselbig machet den Leib volkomen, aber durch die speis und trank wird die selbig kraft erhalten. der regen und die erd machen kein holz sonder der baum selbs macht es; aber on den regen und erden stirbt er."

Er schilt dann wieder auf das Nähen der Wunden und auf die höchst unzweckmäßige Manier, sie mit Eiereiweiß zuzukleben, was nur der Wunde schaden könne. Die Wundkrankheiten stellt er im 4. Kapitel dann in Parallele mit Entstehung und Verbreitung der großen Seuchen: „Es ist auch des himels lauf manigfaltig und sein operation stark, tringet heftig wider uns durch iren impression. *dan ist dem himel müglich, das er die pestilenz imprimirt, so ist auch solcher unfall wol müglich, die wunden zu vergiften,* und das gar in vilerlei weg."

Im 5. Kapitel scheidet er scharf die frischen von den „verderbten" Wunden. Im 6. Kapitel spricht er davon, daß der Himmel zu gewissen Zeiten vielerlei Krankheiten mache; „so er nun die gesunden überwint, wie vil mer die verwunten ... zu gleicher weis wie der himel mit seim geheus viler fiber geberer ist in eim gesunden menschen, also wissent auch das er fiber bringet in die wunden ... weiter hat sich auch begeben, das in den zeiten der pestilenz in den wunden erschinen seind, ausgenomen on geschwer, angefangen mit frost und hiz, etlich schnel daran gestorben, die sonst am ganzen leib nichts entpfunden haben, dan was geursacht ist aus den wunden ...."

Die Wunddiphtherie ist ihm bekannt, „es ist auch etlich mal begegnet, das ein gemeine breune in die kriegsleut komen ist, auch also mit allen zeichen in die wunden, also das dicke heut ab den wunden gangen seind, wie man von den zungen geschölt hat, deren so die breune heten, also das wunden und der munt gleich warent." Auch hätten zu Zeiten, wo rote Ruhr herrschte, Wunden angefangen zu bluten; die Ruhrmittel halfen auch gegen diese Zustände gut.

Je nach der Benutzung von eisernen Instrumenten gestaltete sich der Verlauf von Verletzungen durch sie ganz verschieden: Messer, die zum Brotschneiden oder Holzbearbeiten dienten, machten wesentlich harmlosere Wunden als z. B. Geräte, die zur Garten- und Ackerbestellung gedient hatten. *H.* meint, sie hätten besondere Eigenschaften aus diesen Substanzen angenommen.

Das 14. Kapitel handelt wieder vom Nähen der Wunden; solche Wundärzte nennt er „folterhansen"; sie tuns nur um des Geldes willen („ein haft ein guldin"). Von der Tiefe aus soll man heilen lassen, sonst kommt es zu Komplikationen durch Sekretstauung.

Im 2. Traktat tritt er für eine auch nach unserer Ansicht verständige Ernährung der Verwundeten ein; man soll ihnen nicht nur Gerstenwasser als einziges geben.

Im 5. Kapitel spricht er es noch einmal unzweideutig aus: „Dieweil und die natur selbs den balsam bei ir tregt, durch den sie die wunden heilt, und fürthin nur not ist, die wunden rein und sauber zu halten . .", mithin genau wie zuletzt *Mondeville* etwa $1^1/_2$ Jahrhunderte vorher, nur mit dem Unterschied, daß dieser eine eiterlose Wundheilung anstrebte und sicher oft erreichte, während *Hohenheim* im allgemeinen weit dahinter zurückbleibt. Manche Kapitel sind recht dürftig, so z. B. das kriegschirurgisch-technische Können, die Lehre von der Entfernung eingedrungener Pfeilspitzen usw., die weit den gleichen Abschnitten bei *Celsus* und *Paulos von Aigina* nachstehen.

Mit der Blutstillung stehts bei ihm recht mangelhaft: die Unterbindung nennt er nicht; die althergebrachten Hilfsmittel sehen wir hier wieder, Kupferasche, Mühlstaub, weißes Hasenhaar unter dem Schwanz, Moos von Totenköpfen, Froschasche, Blutstein usw.

Im 3. Traktat nimmt er noch an, daß die Büchsenkugeln heiß sein und gelöscht werden müßten.

Wegen seiner Ausdrucksweise — er schimpft fast auf jeder Seite auf Mißbräuche und die Schuldigen — bittet er zum Schluß den Leser sozusagen um Entschuldigung: „sonder nach der zungen meiner geburt und lantssprachen, der ich bin von einsidlen, des lants ein Schweizer, sol mir mein lentlich sprach niemants verargen".

Fragen wir uns nun, was denn eigentlich *Hohenheim* in seinen
Anschauungen über Wundheilung Neues bietet, so ist es einmal das,
daß er sie als einen natürlichen Vorgang betrachtet, der, wenn er
ungestört verläuft, keiner besonderen ärztlichen Nachhilfe bedarf.
Aufgabe des Arztes ist es, zu verhindern, daß von außen her dieser
natürliche Prozeß behindert wird, wie das allzuleicht durch äußere
Einflüsse geschieht. Die Wunde ist an und für sich keine Krankheit, aber die hinzukommenden üblen Zufälle sind die Krankheit!
Er spricht auch wiederholt in diesem Zusammenhang von „Wund-
sucht". Er schilt mit Recht über die ärztliche Polypragmasie
seiner Tage, welche die Wunden nicht in Ruhe läßt, sondern in
ihnen herumwühlt und teils aus Unverstand, teils aus schnöder
Gewinnsucht allerlei schädliche „Einzelleistungen" an ihnen voll-
bringt, um einen Anlaß für hohe Liquidationen zu schaffen.

„Halt sie sauber und beschirme sie vor den äußeren fallenden
Feinden, also werden alle Wunden geheilet."…

Sudhoff spricht es mit vollem Recht aus: „Kein Arzt seines und
der nach ihm kommenden Jahrhunderte ist dem Gedanken über
die Wundinfektion eines *Semmelweis*, *Pasteur* und *Lister* so nahe
gekommen wie er, daß die Wunderkrankungen in der Regel nicht
etwa in gestörter Säftemischung ihre Wurzel haben, sondern daß
es sich dabei um etwas von außen die in Wunden Hineingebrachtes
handelt."

Erst nach ihm hat *Ambroise Paré* die Lehre aufgestellt, daß der
Hospitalbrand eine besondere Form der Wundkrankheit sei, und
später noch hat *Athanasius Kircher* der Ansicht Ausdruck verliehen,
daß die epidemischen Krankheiten von kleinsten Keimen her-
rührten, die in der Luft schwebten und mit ihr in den Organismus
eindringen, in dem sie ein parasitisches Leben führen und der
Anlaß zu Erkrankung werden.

Auf die Wundbehandlung seiner und späterer Zeit ist *Paracelsus*
trotz der Verbreitung seiner großen Wundarznei ohne nachweis-
lichen Einfluß geblieben; das darf uns nicht wundernehmen; von
chirurgischer Technik, auf die es doch in erster Linie den Zeitgenossen ankam, steht so gut wie nichts darin, und was er davon
brachte, war wenigstens teilweise recht dürftig; die großen Gedanken dieses Genius aber zu begreifen war es damals und weit
später noch nicht an der Zeit.

„Warumb sein sie mir so gehass? darumb muss ich ein Luther
heissen und ich bin Theophrastus nit Lutherus. Lutherus verant-
wort das sein; ich wird das mein auch beston."

So wie man bis tief in das vergangene Jahrhundert hinein die
zutreffenden großen Gedankengänge *Hohenheims* über die Syphilis,

mit der er sich in vielen bedeutenden Schriften beschäftigt hat, nicht begriffen hat, die er auf einem riesigen eigenen Beobachtungs- material und seiner logischen Durchdringung aufgebaut hatte, genau so hat man ebenso lange Zeit kopfschüttelnd vor diesen Gedanken über Wundbehandlung und Wundheilung gestanden; das anfangs so besonders stark begehrte und oft neu aufgelegte Werk der Großen Wundarznei ist sogar fast ganz in Vergessenheit geraten und erst dann neu zum Leben erwacht, nachdem *Semmel- weis* und nach ihm *Pasteur* und *Lister* den Beweis erbracht hatten, daß *Hohenheims* Gedankengänge vollkommen richtig gewesen waren.

Darüber, daß er nicht für seine Zeit selbst geschrieben hat, ist *Hohenheim* sich auch ganz klar gewesen: „Darum, Ihr Andern, Ihr müßt *mir* nach, nicht ich Euch nach, *mir* gehört die Zukunft!" „Vielleicht grünet, was jetzt herfürkeimet, mit der Zeit!"

Literatur.

1. *Theophrast von Hohenheim, gen. Paracelsus:* Sämtliche Werke. I. Abtlg. Medizin., naturwiss. u. phil. Schriften, herausgeg. von *K. Sudhoff.* Bd. VI, VII, VIII, IX, X, XI. 1922—1928.

2. Die *Husersche* Gesamtausgabe der Schriften Hohenheims, die bei Zetzner in Straßburg 1605 wiederum erschienen war.

3. *Gussenbauer:* Traumat. Verletzungen. Dtsch. Z. Chir. 1880, 15.

4. Derselbe: Pyohämie. Dtsch. Z. Chir. 1882, 4.

5. *Brunner:* Handbuch der Wundbehandlung, 2. Aufl., 1926.

6. Derselbe: Die Verwundeten in den Kriegen der alten Eidgenossen- schaft. 1903.

7. *Neuburger, Max:* Die Lehre von der Heilkraft der Natur im Wandel der Zeiten. 1926.

8. *Sudhoff, K.:* Hohenheims medizin. u. naturwiss. Denken. Schweiz. med. Wschr. 56, Nr 37 (1926).

9. Derselbe: Kurzes Handbuch der Gesch. d. Med. 3. u. 4. Aufl. 1922.

Die Bekämpfung der Prostituierten und der Geschlechtskrankheiten in Berlin um 1700.

Von Hans Haustein, Berlin.

Noch immer beherrscht der Irrtum, es sei in Berlin um das Jahr 1700 ein Bordellreglement erlassen worden, das wissenschaftliche Schrifttum. Erst jüngst hat wieder *P. Martell* (Z. Sex.wiss. **16**, 1929) diese historisch unrichtige Angabe nachgeschrieben, trotzdem Verf. bereits vor vier Jahren im Arch. Gesch. Med. **18**, H. 3, 1926 nachgewiesen hat, daß die ersten Reglementierungsmaßnahmen in Berlin, als ein Kind der Aufklärung zu betrachten und erst Ende 1769 durchgeführt worden sind.

Im Jahre 1700 wurde die Prostitution nach den Bestimmungen des Churfürstlich Brandenburgischen Revidirten Land-Rechts für das Hertzogthumb Preußen (Königsberg 1685) reguliert, deren Titel VI, Articulus II, § 1 besagt:

„Wir nennen allhier gemeine Hurerey / wann mit gemeinen Weibs-Personen / durch die / so ledig und nicht ehelich seynd / Unzucht und Hurerey getrieben wird. Und ob nun wol die gemeine Kayserliche Rechte hierin keine Straffe verordnet / dannoch / weil in Gottes Wort solche unordentliche Vermischung hart verbotten: So setzen / ordnen und wollen Wir / dass sich keine unterstehe / ihren Leib in Unzucht gemein zumachen / und da eine darüber betreten / so soll das gemeine Weib offentlich verwiesen / und der Mann / so mit ihr zuthun gehabt / mit Gefängnüß oder mit Geld Straff beleget werden. Aber andere ledige Weibes-Personen / welche nicht offentlicher hurerischer Weis / und doch gleich wol in Unkeuschheit heimlich leben / sollen gleichfalls mit zeitlichem Gefängnüß / oder auch nach Gelegenheit der Umbstände und Vielheit der geübten Unzucht / mit Verweisung gestrafft werden."

Ferner setzt Articulus IV, § 1 fest: „Wo auch andere Personen außerhalb der Eheleut und Eltern (oder Vormünder) ihres Nutzes und Geldes halben / eine eheliche oder ledige Person verkuppeln:

die sollen willkührlich / als / mit Staupenschlägen / gestrafft werden."

Daß diese Bestimmungen in die Tat umgesetzt wurden, beweisen nicht nur die in der Repositur 49 A (Preuß. Geh. Staatsarchiv) erhaltenen Akten der Berliner Stadtgerichte, sondern auch die in Rep. 21, Allgemeine Verwaltung, Berlin und Cölln befindlichen Archivalien.

So wurden, um nur einige Beispiele herauszugreifen, am 29. November 1699 Catharina Prallin wegen Kuppelei zu 12 Reichsthaler Strafe, und, da sie außerstande war, sie zu zahlen, zur Abarbeitung im Armenhause, am 19. Juni 1702 Maria Bartels, gleichfalls wegen Kuppelei zu 1 Jahr Spinnhaus in Spandau und am 12. Juli 1710 Anna Elisabeth Reinhardtin wegen häufiger fleischlicher Vermischung mit Kerls, wofür sie bis $^1/_2$ Reichstaler Hurenlohn bekam, zu einem halben Jahr Spinnhaus in Spandau verurteilt.

In anderen Fällen wurden Huren wie Kupplerinnen mit Staupenschlägen belegt und des Landes verwiesen.

Man ging aber nicht nur im Einzelfalle gegen die Rechtsbrecher vor, sondern suchte auch durch besondere Razzien die Stadt von den Prostituierten zu säubern. Ein Befehl zur „Auftreibung der Huren" erging am 18. Februar 1690 durch den Kurfürsten Friedrich III. an die Magistrate der Residenzstädte und an den Richter in der Dorotheenstadt:

„Es ist Euch schon vorhin sattsam bekannt, wie verschiedene und nachdrückliche Verordnungen sowohl von Unseres in Gott hochselig ruhenden Herrn Vaters als auch von Uns selbst wegen Auftreibung alles leichtfertigen Huhren Gesindes in Unseren Residentzien mit deren Vorstädten an Euch nach und nach ergangen sind.

Wann Wir aber mit Höchst miß Vergnügen vernehmen, daß die Zahl solcher lüderlichen Weibspersonen sich je mehr und mehr häuft, undt sich in denen Schenken, Kellern, Winkelln, auch des abendts und bey nächtlicher Weile auf den gassen finden lassen, auch allerhandt leichtfertigkeit und booßheit treiben und ausüben sollen.

Als haben Wir alle hiebevor deßfalls Euch ergangenen Verordnungen hiermit wiederholen und Euch nochmals bey Vermeidung Unserer ungnade hiermit anbefehlen wollen, den vorigen Verordnungen genau und mit Ernst nach zu kommen, dergleichen lüderliches Gesinde allerohrten durch eure Diener aufzutreiben, und wann ihr es vorher an unsere zu respicirenden des Zucht- und Spinnhauses zu Spandau Verordnete Commissarien communiciret, an den dortigen Directorem liefern zu lassen, mit der ausdrücklichen

Verordnung, daß dafern ein oder ander äußerer mittel hierunter nachsehen undt sein Ambt nicht mitt gebührender Vigueur verrichten würde, wir solches in specie an demselben zu ahnden wissen wollen."

Diese Razzien veranlaßten jedoch die lichtscheuen Elemente in den neu aufsprießenden Teilen Berlins vor dem Georgen-Spandauer und Stralauer Tor Unterschlupf zu suchen, wo sie bei Bier- und Branntweinschenkern ein Versteck fanden. Gegen dieses „böse, liederliche und leichtfertige Gesindel", das in den Vorstädten vor Berlin und Cölln „allerlei Üppigkeit" verübte, wurde am 3. August 1691 ein Sonderbefehl erlassen, der Magistrat am 13. Oktober 1691 außerdem noch angewiesen, zur Untersuchung der eingerissenen Mißstände eine Kommission einzusetzen.

Der Berliner Magistrat war indessen machtlos und sah sich im Februar 1692 gezwungen, gegen die Leute der Vorstadt, deren Intention nur dahin ging, „auf den Sonn- und Festtagen Bier, Wein und Branntwein zu schenken, Gäste zu setzen und Spielleute zu halten, auch Huren, Diebs- und anderes liederliches Gesinde zu hausen und zu hegen" beim Kurfürsten zur Hilfeleistung durch den Kommandanten von Berlin vorstellig zu werden, was am 23. Februar genehmigt wurde.

Trotz aller Verordnungen und Maßnahmen der Behörde blieb es jedoch beim alten und es gelang nicht, weder in den Vorstädten noch in der im Ausbau befindlichen Dorotheenstadt, ruhige Bürger anzusiedeln. Die überall betriebenen liederlichen Wirtschaften bildeten nicht allein eine dauernde Quelle von Unordnung und Unruhe, sondern waren auch der Ausgangspunkt der sich in Berlin verbreitenden Geschlechtskrankheiten. Der Medicinae Doctor et Chimicus *Friedrich Rudolf Walter* richtete deshalb an den Kurfürsten ein Immediatgesuch, „daß man doch die viele infame und scandalöse Häuser stöhren möchte, weil sie großen Schaden im publico anrichteten und äußerst schädlich wären". Das Dekret vom 5. April 1698 befahl daher die Unterdrückung der Bordellwirtschaften auf dem Friedrichswerder und in der Friedrichsstadt und wies auch den Generalfeldmarschall und Gouverneur dazu an.

Es wurde mit allen Mitteln auch von den Gerichten auf dem Friedrichswerder und der Friedrichsstadt gegen die Mißstände eingeschritten, „damit die Bosheit nicht gar zu sehr überhand nehmen möchte", doch blieb der Erfolg aus, und am 14. März 1701 sah sich sogar die Residenzstadt Berlin zur Einreichung eines Immediatberichts veranlaßt. Hierin wurde ausgeführt, daß zwar die verdächtigen Keller durch die Diener fleißig durchsucht würden, daß man jedoch nicht energisch genug vorgehen könne, weil darunter viele eximierte Häuser seien, weil dauernd neue Keller und Kaffee-schenken eingerichtet würden und weil sich Soldaten als Mieter der Keller der Visitation widersetzten. „Den Mietern diene zur Ausflucht und Beschönigung ihres Hurenwandels im Keller, daß sie die Weibsstücke für ihre Verwandten oder Schwestern angeben, oder wenigstens, daß sie sie zur Austragung des Bieres nötig hätten. Wegen mangelnden Beweises, da die delicta oculta und facti transeuntis seien, müßten die aufgegriffenen Frauen öfters straflos entlassen werden, wodurch nichts geändert werden könnte, viele junge Leute aber verführt und um ihre Gesundheit, ja wohl gar um Seel und Seeligkeit gebracht würden."

Auf Grund der gewonnenen Erfahrungen fügten die Gerichte ihren Darlegungen einen genau formulierten Bekämpfungsplan bei, woraufhin am 5. April 1701 der Berliner Magistrat angewiesen wurde, ein Patent zur Verordnung einzureichen.

Eine Sonderverfügung des Königs befahl außerdem am 6. September 1702 „wegen der vielen Hurenwirte auf der Friedrichs-stadt" auf dergleichen „angeführte liederliche Personen fleißig Aufsicht zu haben; und solche, wann sie eines unordentlichen Lebens überzeuget werden können, zu gehöriger Strafe zu ziehen".

Abgesehen von derartigen Sondermaßnahmen unterstand die Bekämpfung der Prostituierten generell der Armenbehörde.

Nach der Armen- und Bettlerordnung vom 18. März 1701 (§ 25) sollten die zum Armenwesen Deputierten mit Hilfe der Miliz und der Ratsdiener alle Bettlerherbergen unterschiedslos oft und viel visitieren, da festgestellt worden war, daß dort allerhand lieder-liches Gesindel oft auch „unzüchtige Weibspersonen" sich auf-hielten.

Zu den Sondervorkehrungen gegen die Prostituierten wie gegen die Bettler gehört auch die Anstellung von sieben Gassenmeistern, denen die Beaufsichtigung der Straßen unterstand, die also sitten-polizeiliche Befugnisse ausübten. Gemäß den Interims-Armen-ordnungen (1703) hatten sie die „faulen starken Bettler und lieder-liche Weibspersonen festzunehmen und im Großen Armenhause (Ecke der Stralauer und Neuen Friedrichstraße) abzuliefern", wo sie in einer besonderen Stube verschlossen zum Spinnen und zu anderer Arbeit angehalten und ihre Besserung durch Betstunde und Katechisation versucht wurde. Nichtablieferung der vorge-schriebenen Arbeitsmenge wurde mit Essensentziehung bestraft und bei Halsstarrigkeit wurden sie vom „Zuchtmeister" mit einer Karbatsche, jedoch „mit Maß und ohne Unbarmherzigkeit" gepeitscht.

Von einer Bekämpfung der Geschlechtskrankheiten im modernen
Sinne kann an der Wende des 17. zum 18. Jahrhundert natürlich
noch nicht gesprochen werden, jedoch setzt behördlicherseits zum
erstenmal soweit das bisher ans Licht gezogene Tatsachenmaterial
eine Beurteilung darüber zuläßt — eine ernsthaftere Beachtung
der venerischen Krankheiten um diese Zeit ein. Diese ersten
Maßnahmen zur Behandlung venerisch infizierter Personen stehen
mit der Neuregelung des Berliner Armenwesens in engstem Zusammenhange, insbesondere mit der Schaffung einer ständigen
Armenkommission im Jahre 1699.

Die Armenkommission ließ die sich bei ihr meldenden infizierten Personen und die auf Grund der Interimsarmenordnungen
ihrer Jurisdiktion unterworfenen erkrankten „dienstlosen Weibsstücke" ärztlich behandeln, sah sich aber wegen der beträchtlichen
Kosten veranlaßt, in einem Immediatbericht über die Schwierig-
keiten der Versorgung vorstellig zu werden und Vorschläge zur
Kostendeckung zu machen, da befürchtet wurde, daß durch die
Belastung der Armenkasse durch die Infizierten der eigentliche
Zweck der Armenpflege in Frage gestellt werden könnte.

Auf den Bericht der Armenkommission verfügte Kurfürst
Friedrich am 2. August 1699 folgendes: „So viel nun diejenigen
anlanget, so mit der Lue venerea behafftet sind, und sich der Cur
halben bey Euch anmelden, haben Wir euren unterthänigsten
Vorschlag gnädigst approbiert und gewilliget, das die inficirte
Personen nach vollbrachter Cur und wieder erlangter gesundheit
an eine Karre geschlossen, Ihnen ein Zettul mit der ursache dieser
straffe an den Hals gehenget und sie bey dem Bau des Armenhauses
ein Zeitt lang, welche nach befinden zu determinieren ist, zur arbeit
angehalten werden sollen, damit andere liederliche Personen daraus
ein exempel nehmen, sich ehrlich ernehren, und die Armen casse,
wegen der auff die Cur gewandten Kosten sich einigermaßen er-
holen möge[1]."

Am 18. September 1704 kamen die Deputierten zum Armenwesen
nochmals in einem Vorschlage auf die geschlechtskranken Prostituierten zurück[1]. „Die tägliche Erfahrung legt klar am Tag,
welchergestalt viel herren- und Dienstloß Gesindel Manns- und
Weibs-Personen .. in Dero allhiesiger Residentzien und Vorstädte
sich einfinden. Diese alle legen sich bey Soldaten und theils Bürgern, so Winckel- und Bettelherbergen haben ein, nähren sich
daselbst vom heimlichen Bettel, Dieberey oder Hurerey solange
als sie immer können, und weil dergleichen Wirthe oder Wirthinnen

---

[1] Akten der Charité III. 10 Nr. 2, Vol I.

ihren profit davon haben, und wie unsere Protocolle besagen, das Hurenlohn mit unzüchtigen Personen partagiren, so verstecken und verhehlen sie selbe aufs beste.

Wenn nun dergleichen Leute krank werden, oder die Weibsstücke von Hurerey lue venerea inficirt seyn oder gar sterben, oder die Kinder, die sie bey ihnen durch Hurerey zeugen, ihnen lassen und davon laufen, nehmen sie erst alles, was sie haben, an Kleidung oder durch allerhand Practiquen erworbenen Gelde weg, hernach melden sie sich bei der Armencasse ... und begehren, daß solche die Armen Casse möchte verpflegen und curiren, die Verstorbenen begraben lassen und die ihnen gelassenen Kinder versorgen, und wann wir nicht bald in ihrem Verlangen condescendiren wollen, so seynd einige so importun, daß sie dräuen dürfen, den Kranken oder Toten auf der Straße zu legen und die Kinder zu exponiren, daher müssen wir ... aus Commiseration die Kranken, obwohl meistens liederliche Personen, aufnehmen und die Toten begraben lassen.

Hierdurch nun wirdt die Armen Casse sehr beschweret, indem die wenigsten von solchen Kranken, als welche durch ihr unordentliches und geiles Leben sich gantz verdorben haben, wieder genesen, sondern lahm etc. und gedachter Casse Lebens lang zur Last bleiben, und auff solche Weise wirdt sie geschwächet und incapable gemacht, die einheimische wahre nothleidende Haus-Armen zu erhalten.

... Weil nun Allerdurchlauchtigster König und Herr solchergestalt es dahin kommen dürfte, daß die Armen Casse so vor wahre einheimische und Haus-Arme, die sich des Bettelns schämen, gestiftet ist, denen muthwilligen fremden Bettlern, unkeuschen Weibsstücken und Dieben am meisten zu statten kommen dürfte, ... so stellen Ew. Kgl. Maj. wir alleruntertähnigst anheim, ob Sie zu solchem Ende zu verordnen allergnädigst geruhen wollen, 1. daß keiner herren- und dienstlos Gesinde unter keinerley Pretext über 24 Stunden beherbergen, sondern sofort nach ihrer Ankunft sie bey der Armen Casse anmelden soll, damit wir selbige examiniren und wieder fortschaffen können; 2. soll keinem Bürger oder Soldaten vergönnt sein, dienstlosem Gesinde Herberge zu verstatten, wo sie nicht eine rechtschaffene Handthierung sich ehrlich zu ernähren haben, widrigenfalls sollten solche Wirthe gehalten sein, wenn dergleichen Leute, die sie unangemeldet über 24 Stunden behalten, erkranken, sie nicht nur selbst zu verpflegen, und wenn sie sterben, begraben zu lassen, sondern auch die in Ew. Kgl. Maj. Edict vom 18. März 1701 ihnen angedrohte 10 Reichsthaler Strafe zu erlegen ...

Auch allerdurchlauchtigster König und Herr haben wir eine Zeit her viele unkeusche dienstlose Weibsstücke wie Ew. Kgl. Maj.

in Dero offenem Edict § 25 uns allergnädigst befehlen, aufheben lassen und nach dem sie eine Zeit lang in den Spinnstuben gesessen und gezüchtiget worden, aus hiesigen Residentzien weggeschafft, allein sie kommen nicht nur wieder, sondern kehren sich auch an solchen Strafen nicht, sondern treiben immerfort quaestum corporis und wenn sie wieder in die Spinnstuben gebracht werden, rühmen sie sich noch, wie sie es betreiben und achten die Strafe des Spinnens gar wenig. Ew. Kgl. Maj. stellen wir dahero unmaßgeblich anheim, ob Sie allergnädigst geruhen wollten, und zu verstatten, daß wir sothane Weibsstücke, die schon gesessen, und sich garnicht bessern wollen, an eine Karre schließen und andern ihresgleichen zum Abscheu den Koth s. v. von den Straßen zu gewissen Zeiten wegführen lassen mögen, allermaßen solche Leute endlich durch ihr böses Leben eine Krankheit ihnen zuziehen und also hernach aus den Almosen müssen unterhalten werden."

Die der Armenkommission zur Last fallenden Geschlechtskranken wurden bis zum Jahre 1708 in dem seit 1702 den Namen „Das große Friedrichs-Hospital" tragenden großen Armenhause verpflegt; der erste Arzt des Hauses war Dr. med. *Jaeckwitz* (Jagwitz), der zugleich auch die Armen aus der Armenkasse versorgte[2]. Neben ihm war noch ein Chirurg im Armenhause angestellt.

Das vorliegende Material erweist also auf das deutlichste, daß um die Wende des 17. zum 18. Jahrhundert die Prostituierten in Berlin aufs heftigste verfolgt wurden, daß also ein Bordellreglement im Jahre 1700 eine Unmöglichkeit ist. Die vom Zeitgeist geschaffenen Maßnahmen zur Bekämpfung der Prostituierten wie der Geschlechtskrankheiten beschränkten sich auf Abschreckungsmethoden, da man ja der Überzeugung war, nur liederlicher, gottloser Lebenswandel führe zur Erwerbung der Lues.

Die Heilbehandlung *armer* Geschlechtskranker wurde weder aus sozialen oder hygienischen noch sozialhygienischen Gesichtspunkten heraus durchgeführt, sondern bedeutete einzig und allein eine Sparmaßnahme, und der dabei erzielte volksgesundheitliche Gewinn war lediglich ein Zufallsprodukt und ist deshalb auch aktenmäßig nirgends verbucht.

---

[2] Archiv d. Vereins f. Geschichte Berlins: Akten des Berliner Polizei-Präsidiums, Physiker und Chirurgi forenses.

Die Heilmittellehre Linnés.

Von Julius Schuster, Berlin.

Mit 1 Abbildung.

Natura contrariis operatur.

Im Anschluß an die von mir veranstaltete Festsitzung der Berliner Gesellschaft für Geschichte der Naturwissenschaft, Medizin und Technik zu *Linnés* 150. Todestag[1], meine Gedenkrede über *Linné* und *Goethe*[2] und meine Gedenkschrift[3], in der ich das Problem des natürlichen Systems behandelte, will ich in dieser Festschrift Linnés Pharmakodynamik untersuchen.

I.

Die Arzneimittellehre Linnés ist in ihren Grundlagen niedergelegt in zwei selbständigen Werken von sehr ungleichem Umfang. Das erste Opus ist betitelt *Materia medica*, erschien 1749 und umfaßt 252 Seiten, das zweite Opus nennt sich *Clavis medicinae*, kam 1766 heraus und ist nur ein schmales Heft von 31 Seiten. Beide Bücher sind durchaus keine einladende Lektüre, denn sie bieten sich der ersten Betrachtung als lateinisch abgefaßte Tabellen dar, die man sich vor allem als Kompendien zum Gebrauch des Schülers bei den Vorlesungen des Meisters denken möchte. Indes wir horchen auf, wenn wir in *Linnés* autoergographischen Aufzeichnungen vernehmen, daß die Pathologie durch die Clavis medicinae mehr gewonnen habe als durch hundert Autoren und Folianten. Hier wird ja das Urteil der Geschichte geradezu herausgefordert: was bedeuten denn, historisch gesehen, die zwei Bogen der Clavis medicinae? Hat der Reformator der organischen Naturwissenschaft auch einen historischen Anspruch auf die Reformation der Materia medica?

Es ist bekannt, daß Medizin und Naturwissenschaft zu *Linnés* Zeit noch nicht auseinandergefallen waren, ja, die Medizin fast stets den Ausgangspunkt des naturwissenschaftlichen Studiums bildete wie die Praxis medica den Beginn der Laufbahn des Natur-

---

[1] 9. Januar 1928 in Anwesenheit des Königl. Schwedischen Gesandten *E. af Wirsén.*

[2] Münchner Drucke 1928.

[3] Forschungen und Fortschritte 1929.

forschers. Wenn auch *Linné* später nur noch Freunde und Arme behandelte, so hatte er doch durch seine Stockholmer Praxis von 1739—41 und seine mit einem großen Krankenhaus verbundene Tätigkeit als Admiralitätsarzt reiche Beobachtungen gesammelt und Gelegenheit genug gehabt, die Neigung zur Botanik, die seine stärkste ‘war und blieb, auch der Therapie nutzbar zu machen, wie ihm denn Nosocomium und Hortus botanicus keine Gegensätze waren, sondern das erstere gleichsam ein Garten der Krankheiten und der letztere ein Garten der Gesundheit, der die Arten der Pflanzen birgt wie jener die Arten der Krankheiten. Zudem bestand zwischen Erkenntnis und Gebrauch der Arzneimittel und Botanik eine alte historische Verwandtschaft, die durch die Rhizotomen begründet worden war und Dioskurides so lange im naturgeschichtlichen Teil der Arzneimittellehre herrschen ließ, wie *Galen* in deren medizinisch-praktischem Teile. Indes hatten schon zur Zeit *Linnés* Naturgeschichte und Beobachtung, vor allem aber die Chemie die Herrschaft der alten Systeme verdrängt, wenn auch die Residua der astrologischen Phase der Heilkunde und der Signaturenlehre noch weiterlebten, was ja sogar zum Teil für die Gegenwart gilt: entweder suchte man wie *Thurneysser* den Effekt des Arzneimittels in dem Teil, der unter dem Schutz des betreffenden Gestirns steht, oder man hielt mit Croll, Porta und Helvetius die Form für das Zeichen der Anwendung. Beides war für *Linné* Aberglaube, aber auch die Ergebnisse der chemischen Schule befriedigen ihn nicht.

Die Chemiker von Paris, von allem *Joh. Baptist Chomel,* hatten 2000 Analysen von Pflanzen und Pflanzenteilen gemacht, aber der therapeutische Effekt war bei den gleichen Präparaten ganz verschieden, und der Auszug der verschiedenen Pflanzenarten sehr ähnlich. *Linné* ist zwar durchaus der Meinung — darin ist er ganz neuzeitlicher Naturforscher —, daß die Chemie und das chemische Experiment bei der Ausmittelung der medikamentösen Wirkung die Führung haben. Das chemische Wissen seiner Zeit hatte *Linné* sich, ebenso wie *Paracelsus,* praktisch angeeignet, als er nachts an den Schmelzöfen von Fahlun saß, während er tagsüber im Gestein der Grube herumkroch. *Linné* war aber nicht nur ein analytischer Forscher, sondern auch ein synthetischer, nicht nur Praktiker, sondern ebenso Theoretiker. In der Heilkunde ist *Linnés* Ideal die rationale Medizin, die, wie er in der Dissertation Censura simplicium bekennt, für seine Zeit, aber auch für alle Zukunft segensreich sei. Die Arzneimittellehre kann aber nur in die rationelle Medizin eingebaut werden, wenn man nicht nur die Verschiedenheiten der Arzneidrogen und ihrer Teile, sondern auch die Verschiedenheiten der Krankheiten und ihrer Symptome kennt, und diese Kenntnis setzt die Anwendung der Chemie auf die Pharmakologie nicht herab, sondern voraus. Sonst liegt eine Gleichung mit zwei sehr komplexen Unbekannten vor, von denen die eine beruht auf den Verschiedenheiten der pathologischen Zustände der organischen Elementarteile, die andere auf den Verschiedenheiten der Naturgegebenheit der Arzneimittel. Mit anderen Worten könnte man dies x der *Linné*schen Pharmakologie gleichsetzen dem *Species morborum cognoscere* und ihr y dem *Species naturalis historiae cognoscere*. Sonst bleibt alles Experimentieren ein Tappen im Dunkeln.

II.

Daß *Linné* das x der Pharmakologie gelöst und es mit dem y in eine adäquate Beziehung gesetzt hat — das macht sein unleugbares Verdienst in der Arzneimittellehre aus und erweitert die Wirkung seiner Reform, die in der Lösung jenes x liegt, auch in ihrer Anwendung auf das y unserer Gleichung. Die Aufgabe, die es zu lösen galt, war demnach eine systematische, nämlich die, durch Definition und Einteilung die Naturkörper so zu unterscheiden, daß sie jederzeit wieder erkannt werden können, jede Pflanze z. B. dem Botaniker ihr So-sein kundgibt. Noch immer pflegen viele Verdienst und Glück der Reform *Linnés* in der Botanik im sogenannten Sexualsystem zu sehen. Aber nichts ist historisch weniger gerechtfertigt als dieser scheinbar unausrottbare Irrtum. Wir wollen daher untersuchen, worin denn *Linnés* Reform besteht.

Ihren Ausgang bildet die Analyse der Teile der Pflanzen, die Schaffung eindeutiger Fachausdrücke für diese, die Erkenntnis der Bedeutung der Sexualorgane als Hauptprinzip der Unterscheidung (nucleus totius florae). Durch synthetische Betrachtung gewann *Linné* die Einsicht in ein gesetzmäßiges Verhalten der Teile der einzelnen Individuen der Pflanzen: ihre relative Übereinstimmung in Zahl, Form, Lage und Beziehung ergibt in ihrer Gesamtheit einen determinierten und determinierbaren Begriff, den der *Art*, für die gleichfalls eine einheitliche Nomenklatur begründet wird. Zugleich erkannte *Linné*, daß das Vorkommen der Pflanzen kein zufälliges ist, weshalb die loca natalia einen wesentlichen Bestandteil der Artanalyse ausmachen. *Linné* hatte das Tor für die gesamte Botanik der Zukunft geöffnet: denn er hatte ihren Gegenstand analytisch, logisch und praktisch definiert. Das war bei den früheren Beschreibungen deshalb nicht der Fall, weil ihnen keine exakte Analyse, kein strenges logisches Prinzip und keine genaue Herkunftsbezeichnung zugrunde lag. Man kannte zwar den großen Arzneischatz der Antike, aber gewissermaßen in einer babylonischen Sprachverwirrung, in der jeder sichere Halt fehlte, weil das Ausgangsmaterial fast nie ein reines war; eine Ausnahme machten im günstigsten Falle die heroischen Heilmittel der stark wirkenden Giftpflanzen, während man die milderen nicht als eigentliche Arznei ansah. Durch die Methode *Linnés* aber waren die *vires plantarum* durch die *species plantarum* primär definiert. Damit hatte *Linné* das x der Pharmakologie eliminiert, und zwar für immer, denn wir bedienen uns ja seiner Methode auch noch heute, wenn auch in einer verfeinerten Form.

Linné warf aber die alte Tradition nicht einfach fort, sondern baute sie in seine Lehre ein, soweit dies der Vergleich der überlieferten Abbildungen in Verbindung mit den Beschreibungen gestattete. Alles andere warf *Linné* bei diesem Reformierungs- und Raffinierungsprozeß über Bord und verminderte dadurch die Materia medica um den unnützen Ballast von Jahrhunderten. Dafür gestattete ihm seine umfassende Kenntnis die Einführung wertvoller Mittel, die er selbst ausprobiert hatte. Diesen Teil seiner pharmakologischen Reform hat *Linné* in der *Materia medica* von 1749 durchgeführt. 535 medizinisch wirksame Pflanzen sind dort nach ihrer ersten zuverlässigen Beschreibung, der Synonymik, dem Standort, der pharmazeutischen Bezeichnung, den Eigenschaften, der Wirkung, dem Gebrauch und ihrer Verwendung bei zusammengesetzten Arzneien (Composita) analytisch beschrieben, ohne auch nur ein einziges überflüssiges Wort, in der exaktesten und kürzesten Sprache, wie sie sonst nur der Mathematiker oder Physiker schrieb. Quot verba tot pondera — besser wüßte ich *Linnés* Materia medica kaum zu charakterisieren. Sie beschränkt sich, wie der Untertitel Liber I. de plantis sagt, auf den Hauptteil, den botanischen, während die Materia medica aus dem Tierreich und Steinreich in zwei Dissertationen behandelt ist.

Die Zahl der Arzneidrogen, die *Linné* selbst geprüft hat, beträgt 35:

Agarici optimi [Fungus laricis] — Eccoprotica.
Caricae [Ficus Carica] — Hepatica.
Crepitus lupi [Lycoperdon Bovista] — Haemorrhagia, haemorrhois.
Gummi-resina Sagapeni — Emmenagoga.
Herba Cochleariae — Scorbutus, diuretica.
Herba Equiseti — Haematuria, adstringens, diuretica.
Herba Hyperici — Vulneraria, anthelmintica.
Herba Mari Veri [Teucrium Marum] — Hydrops, Asthma, nervina.
Herba Sabinae — Emmenagoga.
Indigo — Obstruens.
Lignum Quassiae [4] — Febris intermittens, excerberans.
Lignum Simarubae — Dysenteria.
Manna calabrina [Fraxinus ornus] — Eccoprotica.
Opobalsamum — Diuretica.
Radix Armoraciae — Diuretica.
Radix Asari — Vomitoria.
Radix Curcumae — Icterus.
Radix Eupatorii — Purgans.
Radix Filicis [Polypodium vulgare] — Tonica.
Radix Galangae — Singultus, Vertigo.
Radix Hellebori albi [Veratrum] — Sternutatoria.
Radix Hellebori nigri — Purgans.
Radix Hirundinariae [Vincetoxicum] — Hydrops.
Radix Ireos Nostratis [Iris germanica] — Hydrops, diuretica.
Radix Lilii albi [Lilium candidum] — Emolliens.
Radix Lapathi acuti [Rumex] — Scabies.
Radix Ononidis — Diuretica.
Radix Pareirae bravae — Calculus.
Radix Rhodiae [Rhodiola rosea] — Cephalgia.
Radix Taraxaci — Diuretica.
Radix Tormentillae — Adstringens.
Radix Zedoariae — Nausea.
Resina Ammoniaci — Asthma.
Sanguis Draconis — Adstringens.
Semina Ricini — Anthelmintica.
Therebentina Veneta [Larix] — Haemorrhagia.

Ferner empfahl *Linné* dem Regium Collegium medicum 48 Arzneidrogen zur Aufnahme in die Pharmacopoea Holmiensis (Medicinal-Ordningar, Stockholm 1742):

---

[4] Vgl. dazu meine Notiz: Zur Geschichte der *Quassia amara* in Angew. Botanik 1919, 112.

Acmella (Ersatzdroge Sigesbeckia) — Diuretica, Calculus

Baccae Belladonnae — Dysenteria

Baccae Chamaemori conditae — Febres ardentes, scorbutus, humectans, refrigerans.

Baccae Norlandicae — Refrigerantes, cordiales, febres, putridae.

Baccae Vitis Idaeae — Refrigerantes.

Collinsonia — Colica puerperarum.

Diervillea — Syphilis.

Elaterium album — Heroica medicina.

Faba Ignatii — Febres exanthematicae et intermittentes, morbi soporosi, asthma, ecclampsia.

Folia Cassinae — Variola, fermentationem sanguinis exhibens, expectorans.

Folia Lauro-Cerasi — Morbi pulmonum.

Folia Peraguae — Vomitoria, purgantia, sudorifera, Colica nephritica, Diabetes.

Folia Uvae Ursi — Corroborans et adstringens.

Fructus Juglandis — Contra vermes, dysenteria.

Fungus melitensis [Cynomorium] — Profluvia sanguinis, Haemorrhagia.

Galium luteum — Hysterica.

Geum palustre — Febres intermittentes.

Herba Camphorae — Hydrops, Asthma humidum, Rheumatisma, hysterica.

Herba Conyzae — Dysenteria.

Herba Coridis — Syphilis.

Herba Cotulae — Hysterica, Hydrops, Asthma, Scrophula.

Herba Linnaeae — Dolores rheumatici.

Herba Lini cathartici — Laxans, morbi nephritici, fibres intermittentes, hydrops.

Herba Monardae — Febres intermittentes.

Herba Myrti Brabantici — Scabies.

Herba Scrophulariae aquaticae — wie Folia Sennae.

Lignum Campescanum — Dysenteria.

Melissa canariensis — Resorbens.

Mentha piperita — Resolvens et refrigerans.

Muscus caninus [Lichen caninus] — Rabies.

Muscus cumatilis — Vermes intestinorum.

Nuclei Saponariae — Chlorosis.

Pedicularis — Fistulae et ulcera sinuosa.

Radix Actaeae — Asthenia.

Radix Alkannae.

Radix Britannica — Ulcera cachoëtica, scelotyope.

Radix Ceanothi — Syphilis.

Radix Lobeliae — Syphilis.

Radix profluvii — Alvus fluens.

Radix Senegae — Febres inflammatoriae, Morsus serpentum.

Radix serpentum Ophiorhiza dicta — Ligno colubrino praeferenda.

Ribes nigrum — Expellens.

Semina Sabadillae — Pediculi.

Sophora — Cholera.

Succus Hydrocystidis — Morbi evacuatorii.

Succus Phytolaccae — Cancer.

Stipites Dulcamarae — Sanguinem mundificans, arthritis.

Vulvaria — Hysterica.

III.

Mit seiner Materia medica hatte *Linné* die erste klassische botanische Pharmakognosie geschaffen. Er durfte mit Recht sagen, daß der Arzt, der keine Pflanzen kennt, auch über deren Kräfte niemals richtig urteilen kann (Materia medica, Canon 13). Und umgekehrt bemerkt *Linné*, daß die Medizin eine schwankende Wissenschaft sein müsse, so lange es keine Krankheitslehre gibt analog der von ihm begründeten systematischen Reform der Botanik. *Linné* will damit zum Ausdruck bringen, daß es ohne systematische Pathologie keine Therapie geben kann: das System der Krankheiten muß auf naturhistorischer Basis errichtet werden. Zu *Linnés* Zeit war die systematische Pathologie freilich nicht mehr das unbekannte y unserer Gleichung; *Linné* las selbst jedes dritte Jahr über Cognitio morborum systematica. *Sydenham*, *Boerhaave* und *Hoffmann* hatten den Grund zur Krankheitslehre gelegt, bis *François Boissier Sauvages de la Croix* in

Montpellier ein System der Krankheiten schuf, das *Linnés* Anforderungen an ein solches genügend entsprach und zweifellos das vollkommenste jener Zeit war. Damit kommen wir zu dem *Und* in unserer Gleichung, nämlich der Verbindung der von *Linné* geschaffenen systematischen Kenntnis der Arzneimittel mit der von *Sauvages* errichteten systematischen Pathologie durch eine neue Pharmakologie: das z unseres x + y.

Die berufene Wissenschaft für diese Aufgabe war zweifellos die Chemie, aber diese versagte, denn neue Arzneimittel vermochte sie synthetisch nicht darzustellen, und ihre Anwendung auf die Drogen ergab keine einheitlichen Ergebnisse. Man war daher auf das Experiment mit den Drogen selbst angewiesen. Kein Wissenschafter aber pflegt Experimente anzustellen, ohne zu denken, ohne einen theoretischen Leitfaden, der ihm als Führer dient, sei es auch nur, um ihn durch einen anderen zu ersetzen, wenn er sich nicht bewährt. Einen solchen Schlüssel suchte *Linné* für das z zu finden. Die Lösung, zu der er gelangte, ist eigenartig und in der schon erwähnten *Clavis medicinae* von 1766 niedergelegt.

Linné geht aus von den Sinnesqualitäten Geschmack und Geruch. Sie sind ja die Reaktionen, die uns jeder Zeit zu Gebote stehen und deren wir uns auch heute noch in selektiver oder determinativer Absicht dauernd zu bedienen pflegen. *Linné* teilte danach die Arzneimittel zunächst in solche des Geschmacks und des Geruchs ein. Sodann ordnete er sie nach Gegensatzpaaren an, z. B. süß-bitter, angenehm ambrosisch oder scharfer Bocksgeruch. Solcher Paare setzte *Linné* für Geschmack und Geruch je fünf, also zwanzig Qualitäten im ganzen. *Linnés* System der Qualitäten basiert somit auf dem Prinzip der Gegensätze oder Polarität und dem Prinzip der Pentas oder Fünfzahl als Ausdruck der Vollendung der organischen Form. Polarität und Pentas sind für *Linné* Axiome. Nun galt es für die damaligen Ärzte[4] als ausgemacht, daß die Medicamenta sapida auf flüssige und feste Teile einwirken, die medicamenta olida auf Gehirn und Nerven. *Linné* stellte nun auch die Vitia corporis und die Vitia encephali sive Systematis nervosi in je fünf Gegensatzpaare, und suchte nun die Gegensatzpaare der Krankheiten mit denen der Heilmittel in eine gesetzmäßige Beziehung zu bringen. Hier bedient sich *Linné* wieder des Axioms der Polarität, indem er es auf die Therapie anwendet: *Contraria contrariis curantur*; er will durch das Arzneimittel im Gewebe einen Zustand hervorrufen, der dem zu be-

---

[5] Vgl. z. B. *Abercromb:* Clavis medicinae, *Wedel:* Theor. sapor. medic., *Mangold:* Idea mat. med.

kämpfenden entgegengesetzt ist. Wenn die polaren Gegensätze im Menschen äquilibrieren, befindet er sich wohl, sobald aber auf der einen Seite ein Übergewicht da ist, wird er krank.

Das darauf gegründete pharmakodynamische *Linné*sche System muß als eine durchaus originelle Leistung betrachtet werden, die sich zu *Boerhaaves* Kenntnis der Erkrankungen der Fasern und des Blutes verhält wie eine Symphonie zu einem Harfenschlag. Denn die Auffassung *Linnés* fügt sich völlig in seine Theorie des Organismus, den er sich als eine Einheit von dem Weiblichen, der Medullarsubstanz, der Seele und dem Männlichen, der Kortikalsubstanz, dem Leben vorstellt. *Linné* ist Vitalist: die pneumatisch-hydraulische Maschine des Körpers wird vom Leben gelenkt; die Funktionen des Lebens werden beeinflußt von den festen Geschmacksmitteln, die Funktionen der Seele von den flüssigen Geruchsmitteln. Da nach der Theorie *Linnés* Begriffe und Sinne von dem weiblichen Prinzip, der Mutter, stammen, das Äußere, das Gesicht, die körperliche Konstitution vom Vater, läßt sich mit Hilfe seines therapeutischen Prinzips auch die Innen- oder Tiefenperson behandeln. Jetzt wird uns die symbolische Darstellung *Linnés* auf dem Titelblatt seiner Clavis medicinae klar: zwei ineinander passende Schlüssel mit doppeltem Bart in Gestalt von Händen, deren hohle Flächen ineinander passen — ein eigenartiges psychophysisches, nicht psychomechanisches Symbolum. Und jetzt verstehen wir auch den in seiner Kürze zunächst wie ein Orakelspruch anmutenden Hauptsatz der *Linné*schen Pharmakologie: *Clavis paterna exterior* Vitalis, Sapidis aperiens, *materna interior* Animalis, Olidis reserans. Zu den Fingern des äußeren Schlüssels (links) und des inneren Schlüssel (rechts) haben wir uns die Umschrift zu denken:

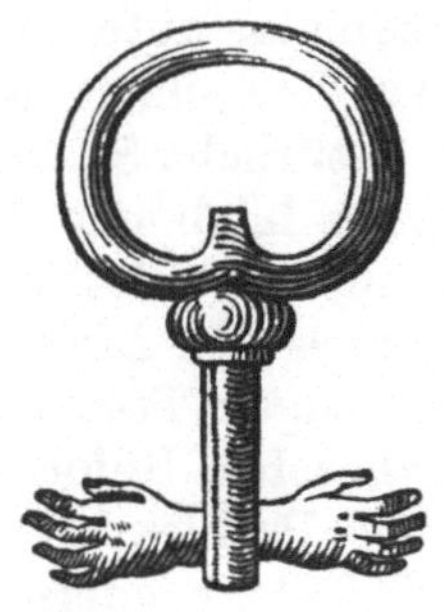

Excreta	Retenta		Lignosa	Sicca
Motus	Quies		Acida	Amara
Vigiliae	Somnus		Pinguia	Stiptica
Fames	Cibus		Dulcia	Acria
Frigus	Labor		Mucosa	Salsa

Das praktische Ergebnis der *Linné*schen Pharmakodynamik ist ein funktionelles Zielen von Arzneimittelgruppen auf Krankheitsgruppen. Wir führen ein Beispiel an: *Allium* steht unter Gruppe XIX *Orgastica*. Die selektiven Opposita der *Orgastica* sind *Spastica*. Ihr Effekt: *Cerebelli* Pathemata *stringunt*. Als Orgastica selbst stehen zur Wahl *Bulbi (Scilla, Allium, Cepa, Porrum), Alliatae (Alliaria, Scordium, Petiveria), Antiscorbuticae (Thlaspi alliaceum, Armoracia, Sinapis, Raphanus, Eruca, Nasturtium, Erysimum, Sophia), Gummi resinae (Asa foetida, Ammoniacum)*. Man sieht: innerhalb der Gruppe kann man sich, um chemisch zu zielen, heuristisch nur noch der systematischen Verwandtschaft bedienen (Liliaceen, Cruciferen).

IV.

Vielleicht nirgends tritt die Bedeutung, aber auch die Grenze des *Linné*schen Menschen schärfer hervor als auf dem Gebiete, dem diese Untersuchung gewidmet ist. *Linné* hat mit seinen Mitteln eine Unbekannte in der Gleichung, in der sich die Pharmakologie ihm darbot, gelöst, nämlich den spezifischen Charakter der einfachen Arzneimittel. Die zweite Unbekannte, der spezifische Charakter der Krankheiten, war nicht gelöst, auch nicht von *Sauvages*, weil er nur auf kausaler Grundlage lösbar ist, nicht auf qualitativer allein, aber die kausale oder mechanische Medizin war zur Zeit *Linnés* viel zu wenig ausgebaut, als daß sie ihm als Bezugssystem hätte dienen können. Infolgedessen war die dritte Unbekannte, die spezifische Wirkung auf die kausal definierten Krankheiten, die das eigentliche x jeder Pharmakologie bildet, für *Linné* nur per analogiam lösbar, nämlich durch Beziehung von organisch Qualitativem auf die Sinnesqualitäten.

Diesen Versuch hat *Linné* in der Clavis medicinae unternommen. Doch muß dieser als ein steckengebliebener bezeichnet werden, weil auch sein notwendiges Korrelat, das natürliche System der Pflanzen, bei *Linné* ein unvollendeter Versuch blieb und bleiben mußte; denn die Axiomatik, die hier zugrunde liegt, ist idealistischer Art und daher einem analytischen Denker wie *Linné* unzugänglich. Das Eigenartige, fast könnte man sagen Tragische, ist aber, daß der eigentliche Gegenstand der *Linné*schen Reform nicht das Kausale, sondern das Morphische ist, das Problem der organischen Form nicht bloß in der Summe ihrer Teile, sondern in der Ganzheitsbezogenheit im Bauplan oder Typus. Dies hat zur Folge, daß *Linné* zwar von metaphysischen Axiomen ausgeht, sie aber bei der Anwendung auf die organische Natur in der schärfsten Weise rationalisiert. Seine Größe beruht in der Verbindung von

Analytik und Logik, und alles, was er hier geschaffen hat, ist im besten Sinn des Wortes klassisch: seine Materia medica ist von dieser Art. Sie bildet einen Werde- und Wendepunkt der Arzneimittellehre und sollte in Verbindung mit der in den Dissertationen niedergelegten Materia medica aus dem Tier- und Steinreich neu herausgegeben werden, weil die Schriften kaum mehr aufzutreiben sind und der darin niedergelegte Arzneischatz der *Linné*-Zeit noch der heutigen exakten Forschung eine Menge von Anregungen über zu erforschende Mittel an die Hand gibt. Das Frontispice der Materia medica ist auch das Antlitz *Linnés*: ein Schubfächer-Kopf, aber nicht klein und pedantisch, wie ein solcher es leider zumeist ist, sondern von der größten Extensivität und der logischesten Intensivität auf dem Unterbau einer philosophischen Anschauung, die naturnäher ist als die herrschende theologische und selbst in ihrer rationalen Vereinseitigung noch durchschimmert. Durch *Linné* war die Systematik des Organischen von dem Kuriositätenstandpunkt für immer befreit und zur Wissenschaft erhoben. Durch die Logisierung seiner Wissenschaft wurde *Linné* das, was er einmal von sich selbst sagte: Ego interim fungar vice cotis, qui acuit, exors ipse secandi.

In der Clavis medicinae dürfen wir, historisch gesehen, das geistige Korrelat zu den Ordines naturales erblicken. Denn hier tritt nicht die Kraft, sondern die Grenze des *Linné*schen Menschen uns entgegen. Das Reich der reinen Solchheiten der Qualitäten setzt der Ratio Schranken, und wo *Linné*, der dieses Gebiet mehr schaute als durchschaute, es auch betrat, muß er sich mit dem tastenden Versuch begnügen, er liefert nicht viel mehr, als was er durch die durchaus von ihm verfaßten theoretischen Doktor-Dissertationen von Upsala aus der Welt verkündet, mehr Anregungen als Ausführungen eines im Grunde naturnahen Geistes.

So hat auch seine Pharmakodynamik viel Gutes gewirkt, ja ihn selbst geheilt, als er 1753 bei seiner Peripneumonie dreimal im Tage eine Drachme *Pulvis Senega* nahm und schon nach zwei Tagen ganz frei ward, nachdem er aus dem merkwürdig scharfen Geruch der *Senega*-Wurzel geschlossen hatte, sie müsse einen besonderen, sonst unbekannten Stoff enthalten.

Naturwissenschaften und Medizin sind nach *Linné* wie mit den Fugen einer steinernen Mauer verbunden. *Linné* hat in dieser Verbindung in der Clavis medicinae geirrt, nicht aus Konfusion, sondern Konstitution, *das* x der Pharmakologie nicht gefunden und nicht finden können, aber *ein* x dieser Wissenschaft in der Materia medica gelöst, nämlich die *spezifische Definition der Drogen:* das ist sein Verdienst und zugleich der ganze *Linné*.

V.

Medicamentum curat Speciem morbi: Das war für *Linné* das x der Arzneimittellehre, das er nicht zu lösen vermochte, obwohl er eine asymptotische Lösung wagte. In der späteren Geschichte der Arzneimittellehre entpuppte sich dies x als eine komplexe Größe, die nicht auf das Artspezifische beschränkt bleiben kann, das dem Begründer des organischen Artbegriffs als das Ideal erscheinen mußte, das α und ω, wie er es nannte. Die morphologische Richtung lenkte auf die organspezifische Therapie, die physiologische auf die funktionsspezifische und erst die neueste Richtung der Medizin findet in der konstitutionsspezifischen Therapie den übergeordneten Ausdruck für die von *Linné* vergeblich gesuchte doppelte Clavis medicinae, die auch die Tiefenperson aufschließt, nicht nur die Rindenperson. Sie macht die spezielleren Methoden natürlich nicht überflüssig, sondern fordert sie, befreit aber die Arzneimittellehre von der Einseitigkeit, in die man ihr x einspannen zu können geglaubt hatte. Es bestätigt sich hier die Einsicht, daß auch die Arzneimittellehre die Ganzheitsbeziehung nie übersehen darf — denn sie ist ihr ω wie der Teil ihr α — sei dieser Teil die Zelle oder ein Organ oder ein krankheitsmachender Organismus. Die Konstitutionsforschung hat auch einen anderen *Linné*schen Satz wieder zu Ehren gebracht: *Natura repugnante, Medicina nil valet.*

Beschränkte sich *Linné* praktisch auch in erster Linie auf die Feststellung der Gift- und Heilwirkung der Phytotherapeutica, so vergaß er darüber keineswegs die richtige Anwendung der Heilmittel, die Dosierung. Er zeigte, daß die Ärzte für eine Infusion Drachmen verschreiben, wo Unzen genügen. Die letzte Entscheidung liegt immer im Experiment: *Qualitate vis medicamenti detegitur, experientia confirmatur. Linnés* Anspruch, daß die heroischen Heilmittel in der Hand des Unkundigen wirken wie das Schwert in der Faust eines Wahnsinnigen, erinnert an die Worte *Paul Ehrlichs*, daß ein unrichtig angewendetes Heilmittel so gefährlich ist wie ein Operationsmesser in der Hand eines Affen.

Es ist bekannt, in welcher Weise *Ehrlichs* experimentelle Therapie den Gedanken des Spezifischen, der ja das x oder besser den x-Komplex der Pharmakologie bildet, auf chemischem Wege zum Siege geführt hat. Gleichgültig, ob wir zur Wahrnehmung pharmakodynamischer Vorgänge makroskopische oder mikroskopische, chemische oder physikalische Hilfsmittel verwerten, die Betrachtung, in welcher Weise die Wirkung von einem letzten Formelement des Lebendigen ausgeht, ist für die Erkenntnis der Wirkung von Substanzen das Entscheidende, bei *Linné* die Art. Aber nicht das allein: *Medicum* enim — sagt *Linné* 1758 in einem Programm — oportet non vacillare, sed incedere Pedibus duobus firmissimis *Ratione* nempe et *Experientia;* Manibus quoque duabes polleat expeditissimis cognitione nempe *Morbi* et *Medicamenti;* Vestitus demum sit *Botanica, Zoologia, Chemia, Pharmacia, Diaeta, Physiologia, Anatomia,* ne nudus prodeat.

Es ist vor allem eine dominante Idee, die *Linné* bewegt hat: *Species.* Sein Ziel als Naturforscher war, die Art, das *Spezifische* zu erkennen, sein Ziel als Arzt, es zu treffen. Er hat zuerst die Zauberkugel des Spezifischen an einem wesentlichen Punkt entzaubert.

Literatur.

Linnaeus: Materia medica liber I (quantum prodiit) de plantis. Cum 2 tab. Holmiae 1749.

Linné: Clavis medicinae. Holmiae 1766.

ferner die Dissertationen:

Schröder, Johannes: Genera Morborum. Upsaliae 1747.

Hasselquist, Fridericus: Vires plantarum. Upsaliae 1747.

Kiernander, Jonas: Radix Senega. Upsaliae 1749.

Sidrén, Jonas: Materia medica e regno animali. Upsaliae 1750.

Rudberg, Jacob: Sapor medicamentorum. Holmiae 1751.

Lindhult, Johannes: De materia medica in regno lapideo. Upsaliae 1752.

Wahlin, Andreas: Odores medicamentorum. Stockholmiae 1752.

Gedner, Christophorus: Quaestio historico-naturalis Cui bono. Upsaliae 1752.

Jahn, Nic.: Plantae officinales. Upsaliae 1753.

Carlbohm, Gust. Jac.: Censura simplicium. Upsaliae 1753.

Hiortzberg, Laurentius: De methodo investigandi vires medicamentorum Chemica. Upsaliae 1754.

von Coelln, Johann: Specifica canadensium. Upsaliae 1756.

Fagraeus, Jonas Theodor: Medicamenta graveolentia. Upsaliae 1758.

Hideen, Jacobus: α καὶ ω Ambrosiaca. Upsaliae 1759.

Blom, Carolus M.: Lignum Quassiae. Upsaliae 1763.

Hedin, Sven And.: Canones medici. Upsaliae 1775.

Albrecht Haller und die Geschichte der Medizin[1].

Von Paul Diepgen, Freiburg i. Br.

Obwohl *Haller*, wie bekannt, eine zusammenhängende Darstellung der Medizingeschichte nie geschrieben hat, bedeutet er einen Wendepunkt in der Entwicklung der Historiographie der Heilkunde[2]. Mit Recht hat ihn *Sudhoff* den großen Registrator und Abschätzer der gesamten medizinischen Vergangenheit genannt[3]. Seine noch heute aktuelle Bedeutung für die historische Bibliographie ist oft gewürdigt worden[4], aber sein Einfluß auf die Entwicklung der Medizingeschichten im ganzen wurde noch nicht untersucht. Dabei waren, wie wir sehen werden, die historischen Einzeldarstellungen, die aus der rückblickenden Abschätzung in seinen weltberühmten Bibliotheken erwuchsen, historiographisch von größter Fortschrittlichkeit und haben auf die spätere Medizingeschichtsschreibung mehr gewirkt als die zusammenfassenden Bände anderer Autoren. Im übrigen sind es echte Kinder ihrer Zeit; denn die Stellung jedes Medizinhistorikers zur Vergangenheit, und wenn er sich noch so bemüht, sich von jeder Zeitgebundenheit frei zu machen, ist von zwei Faktoren abhängig, von den medizinischen Anschauungen, in denen er aufgewachsen ist, und von der

---

[1] Teilweise vorgetragen auf der Tagung der Deutschen Gesellschaft für Geschichte der Medizin und der Naturwissenschaften zu Budapest vom 5. bis 9. September 1929.

[2] Vgl. zur geschichtlichen Entwicklung der medizinischen Historiographie meinen ersten Versuch „Zur Geschichte der Historiographie der Medizin" in der Festschrift für Heinrich Finke, Münster 1925, S. 442—465; ferner *v. Seemen, H.:* „Zur Kenntnis der Medizinhistorie in der deutschen Romantik", Zürich, Leipzig, Berlin 1926. Eine Dissertation über die Medizingeschichte der 18. Jahrhunderts aus dem Freiburger Medizinhistorischen Seminar ist in Vorbereitung.

[3] *Sudhoff, Karl:* Kurzes Handbuch der Geschichte der Medizin, 1922, S. 495.

[4] Man vgl. unter anderem den Festbericht über die Hallerfeier in Bern am 15. und 16. Oktober 1908. Bern 1908, vor allem die Festrede von A. Tschirch. Am Ende eine Zusammenstellung der Hallerliteratur.

allgemeinen Geschichtsauffassung und Historiographie seiner Epoche.

So war es auch bei *Haller*. Als er sich nach seiner Rückkehr aus Göttingen (1753) in der Schweizer Heimat der Redaktion seiner Bibliotheken widmete, deren Bände seit 1771 Jahr für Jahr bis zu seinem Tode 1777 und noch posthum erschienen, da hatte die zeitgenössische Historiographie die Bahnen eingeschlagen[5], die man die *Historiographie der Aufklärung* nennt. Sie strebte im Gegensatz zu der gelehrten Schule, die der Detailforschung ergeben war, nach *Synthese*. Sie wollte weniger Bausteine für künftige gelehrte Forscher sammeln als auf die *Gegenwart* wirken. Da sie aus ihrem *Pragmatismus* heraus geschichtliche Ereignisse gerne aus dem bewußten Handeln einzelner Individuen herleitete, so kam dem Individuum natürlich eine wichtige Rolle zu, erst recht in der Wissenschaftsgeschichte. Aber diese Geschichtsschreibung war nicht mehr so eng anthropozentrisch gerichtet, wie die ältere. Sie ließ auch den unbewußten Einfluß, geographische und klimatische Einflüsse, gelten; nationale Eigentümlichkeiten und das Milieu zog man zur Erklärung heran, vor allem, wenn es sich um nichtpolitische Dinge handelte, wie Handel und Industrie, Wissenschaft und Kunst.

Und gerade das Interesse für diese Betätigungen der Menschen ist für die Aufklärung charakteristisch. *Hallers* Herz war der allgemeinen Geschichte und der Literaturgeschichte weit aufgetan[6], und wenn auch die Gottlosigkeit am aufklärerischen Hofe Friedrichs des Großen dazu beigetragen hat, ihn zur Ablehnung eines Rufes nach Berlin zu veranlassen[7], so hat er sich der *Geschichtsauffassung der Aufklärung* nicht verschlossen und die Werke *Voltaires, Montesquieus, Rousseaus* und der anderen, die vor und mit ihm schrieben, studiert. Nach eigenen Worten hat er mit Nutzen aus fachfernen Quellen, aus Itinerarien und aus kulturgeschichtlichen Darstellungen der historia civilis geschöpft[8].

Ziel und äußere Einteilung der Bibliotheken charakterisieren sie

---

[5] Vgl. *Fueter, Eduard:* Geschichte der neueren Historiographie. München und Berlin 1925.

[6] Er hat sich ja auch einmal, allerdings vergeblich, um die Professur der Geschichte an der bernischen Akademie beworben. Berner Festschrift S. 5.

[7] Man vgl. hierzu die Erinnerungen von *I. G. Zimmermann,* Friedrich des Großen letzte Tage. Im Rheinverlag zu Basel (o. J.) S. 70. Nach *Zimmermann* war Haller Voltaire in den wissenschaftlichen Fächern und der schönen Literatur überlegen. Über Geschichte und Philosophie der Geschichte war es ihm ebenso angenehm Haller zu hören als Voltaire zu lesen.

[8] Elementa physiol. I, S. IX.

als gelehrtes Sammelwerk. Was ihm vorschwebte, hat *Haller* in
der Einleitung des ersten Bandes der Bibliotheca botanica aus-
einandergesetzt. Vom Jahre 1725, also von seinem 17. Lebensjahr
an, machte er sich über alle von ihm gelesene Bücher tagebuch-
mäßig kritische Aufzeichnungen und exzirpierte in geeigneten
Fällen den Inhalt[9]. So wurden über 11000 Kritiken über selbst
gelesene Bücher eingetragen. Seine Absicht ist, über diese Werke
aus den verschiedenen Disziplinen der Medizin und ihrer Hilfs-
wissenschaften ein ganz objektives Urteil abzugeben: ut neque
sectae faverem neque servirem odiis. Er sieht auch in den ältesten
Quellen noch etwas durchaus Gegenwärtiges, mit dem er sich wie
mit der modernen Literatur auseinandersetzt. Das einzig Historische ist das Zurückgehen bis zu den ersten Anfängen der Literatur.

In allen Bänden ist die Ordnung streng chronologisch. Jeder
Schriftsteller wird dem Jahre zugeteilt, in dem er, wie *Haller* sagt,
bekannt und berühmt wurde. So laufen die Paragraphen ziemlich
eintönig Jahr für Jahr nach dem Erscheinungstermin der Werke
weiter. Neben der Bibliographie werden die Hauptentdeckungen
jedes Autors hervorgehoben, bei einigen besonders hervorragenden
Männern auch Leben, Amt und Schule erwähnt, wenngleich *Haller*
ausdrücklich erklärt, daß er keine Biographien geben will.

Auf die strenge Chronologie legt er besonderen Wert. Er meint
sogar, man könnte *Freind* vorwerfen, daß er in seiner historischen
Darstellung den Sekten gefolgt ist statt dem ordo temporum[10],
und glaubt, daß gerade durch die chronologische Anordnung des
Stoffes aus der Bibliotheca auch eine Geschichte der Kunst wird.
Vom Standpunkt der gelehrten Historiographie war er hierzu
durchaus berechtigt; denn sie hatten in der Hauptsache auch nur
gelehrte Notizen äußerlich chronologisch aneinandergereiht, die
Conring, *Le Clerc* und *Freind*, die *Barckhausen*, *Goelicke*, *Joh.
Heinrich Schulze* und *Stoll*. Er hat sie in seinen Bibliotheken wiederholt zitiert, teilweise in längeren Rezensionen besprochen und mit
der Kritik nicht zurückgehalten. *Le Clerc*, den er im übrigen hoch-
schätzt[11], wirft er[12], ebenso wie *Schulze* in seiner sonst eruditissima

---

[9] Bibl. bot. I, 11: Einige tausend hat er nicht ganz, aber doch genügend
studiert, um ein Urteil abzugeben. Wo der eigene Einblick in die Quellen
fehlt, beruht der Überblick auf Katalogen und anderen Nachrichten.

[10] Bibl. med. pract. III, 633: Ut artis porro historiam et incrementa do-
ceret, ordinem forte non probes, qui secundum sectas est, ut contra temporum ordinem.

[11] Bibl. chir. I, 530: Princeps ubique autor, candidus et ab omni secta
alienus.

[12] Bibl. med. pract. I, 99.

historia[13] ungenügende Berücksichtigung der Echtheitsfrage der hippokratischen Schriften vor und bezeichnet seine Darstellung der nachgalenischen Zeit als wenig ausgereift. Bei *Freind* hebt er — charakteristisch für den eigenen Pragmatismus — die gediegenen Zusätze aus der ärztlichen Erfahrung *Freinds* und sein Ausgraben nützlicher Dinge aus vergessenen arabischen Autoren hervor[14], *Goelicke*[15], „dem großen Verächter der Alten" werden zahlreiche Irrtümer nachgewiesen.

Auf der anderen Seite ist die Anlehnung an diese Vorbilder unverkennbar. Das zeigt sich in der starken Berücksichtigung der Ärzteschulen, in der Betonung, daß von jedem Autor festgestellt werden soll, was er zum erstenmal oder besser als frühere Autoren gesehen hat, wie das ja auch *Freinds* Ziel gewesen war[16]. Für die Irrtümer und Umwege der Wissenschaft hatten diese gelehrten Antiquare wenig Verständnis. Aber auch, wo *Haller* die Masse der Paragraphen in Kapitel und Bücher einteilt, bleibt er fast immer im Äußerlichen. Gelegentlich ist das Verlegerinteresse entscheidend. So wollte er z. B. das Buch über die gelehrte Anatomie eigentlich mit *Morgagni* beginnen lassen[17], weil er ihr Begründer sei, da er aber mit dem vorhergehenden Bande schon früher aufhören mußte, damit das Buch rechtzeitig auf dem Markt erscheinen konnte, so beginnt er mit *Pacchioni*, dessen Brief über die dura mater 1761 herauskam. Ohne den Wunsch des Verlegers wäre *Pacchioni* also unter die weniger gelehrten Anatomen geraten. Ein neues Buch der chirurgischen Bibliothek läßt er mit dem Jahre 1743 beginnen, in dem die Statuten der neuen französischen Akademie vom König genehmigt wurden, weil er nichts anderes weiß, und ein so großer Stoff nun doch mal geteilt werden muß[18]. Anderen Abschnitten drückt er den Stempel irgendeines bedeutenden Zeitgenossen auf und handelt die Autoren, die damals lebten und wirkten, darunter ab, auch wenn sie mit dem Träger des großen Namens und seiner Schule nichts zu tun haben. So trägt in der Bibliothek der praktischen Medizin ein Buch den Namen *van Helmonts*, ein anderes ist *de le Boe*, ein drittes *Sydenham*, ein viertes *Stahl* usw. überschrieben. Das entspricht der Gepflogenheit der Aufklärung, nach bestimmten Namen zu periodisieren, wie sie etwa in der Bezeichnung „Jahrhundert Leos X. oder Ludwig XIV." zum Ausdruck

---

[13] Bibl. med. pract. I, 100.

[14] Vgl. Bibl. chir. II, 40 u. Bibl. med. pract. IV, 263 f.

[15] Bibl. anat. II, 33.

[16] Bibl. anat. I, VII: finis mihi fuit ostendere, quid quivis auctorum, sibi propriae haberet laudis, quid rectius vidisset, quid primus.

[17] Bibl. anat. I, 3.   [18] Bibl. chir. II, 249.

kommt. Gelegentlich gilt einfach das Jahrhundert ohne nähere
Begründung als Einteilungsprinzip. Hier hatte er ein Vorbild in der
kritischgelehrten Histoire littéraire de la France, die seit 1733 in Paris
erschien. Sie hatte, wie vordem die kirchengeschichtlichen Magde-
burger Zenturien, die gesamte literarische Produktion ihres Landes
nach Jahrhunderten gegliedert behandelt. Dazwischen treten
Periodisierungsversuche nach den Sekten, den Schulen. Sie dienen
allerdings mehr der äußeren Etikettierung; denn der Inhalt entspricht keineswegs der Überschrift. Sonst wäre es unmöglich, daß
Paracelsus in der Bibliotheca botanica[19] unter den Arabisten erscheint, während er in der Bibliothek der praktischen Medizin[20]
den Ausgangspunkt der Richtung bildet, welche dem Arabismus
feindlich gegenübersteht.

Erscheinen die Bibliotheken in der äußeren Einteilung und chro-
nologischen Anordnung in erster Linie als Nachschlagewerk, so
war *Haller* doch berechtigt, in ihnen eine Geschichte der Kunst zu
sehen. Er hat mit der Methode gearbeitet, die die gelehrte Geschichtsschreibung charakterisiert. Ihr Vorzug war das Streben
nach absolut zuverlässiger Gestaltung des Materials für die Darstellung, das Echte vom Unechten zu scheiden, die Texte philo-
logisch exakt zu interpretieren. Der kritische Zug, der mit *Conring*
in die Medizingeschichte hineinkommt, ist bei *Haller* noch viel
stärker entwickelt als bei seinen Vorgängern. Viele Ausführungen
sind der Echtheitsfrage gewidmet, insbesondere hippokratischer
und galenischer Schriften. Die Unzuverlässigkeit der lateinischen
Übersetzungen aus dem Arabischen ist ihm vollständig klar.
Manche landläufige Tradition erfährt kritische Zurückweisung,
z. B. die Überlieferung, daß Salomon den Blutkreislauf gekannt
hätte[21]. Auch an anerkannte Autoritäten geht er kritisch heran.
Sehr originell ist, daß er sich[22] auf den Freimut des freigeborenen
Republikaners beruft — auf diese Abstammung weist er auch sonst
gelegentlich hin —, wenn er es wagt, an den hippokratischen
Aphorismen Fehler zu zeigen, die er allerdings mehr auf Korruption
des Textes als auf den Autor zurückführt.

Mit dieser fortgeschrittenen gelehrten Kritik verbindet sich bei
Haller das synthetische Streben der Aufklärung, ihr Verständnis für
die organische Entwicklung, für außerhalb des Individuums liegende
soziologische Zusammenhänge und die große Erweiterung des ge-
schichtlichen Horizontes, die ihr gegenüber der gelehrten Historiographie eigen war. In seinen, zunächst äußerlich etikettierten

---

[19] I, 249.   [20] II, 1.
[21] Bibl. anat. I, 9.   [22] Bibl. med. pract. I, 40.

Einteilungen verbergen sich inhaltlich Versuche, die Geschichte der Medizin und ihrer Teilgebiete in *Perioden* zu zerlegen, die sich aus ihrer *Entwicklung* ergeben, und diese Perioden in ihrer Eigenart zu charakterisieren. Selbst wo das Jahrhundert maßgebend ist, schickt er der Literatur eine zusammenfassende Darstellung der medizinischen Hauptströmungen des Jahrhunderts voraus, ähnlich, wie das die Histoire littéraire bei der Schilderung der französischen Gesamtliteratur für die einzelnen Jahrhunderte getan hat. Wenn man diese Übersichten über einzelne Perioden und Teilgebiete der Heilkunde vergleichend betrachtet und zusammenordnet, so entsteht eine Geschichte der Medizin von ganz anderem Inhalt und ganz anderer Bedeutung, als sie die gelehrten Vorgänger *Hallers* geliefert hatten. Das soll in einer kurzen Skizze gezeigt werden.

Es entspricht der *universalhistorischen Betrachtungsweise der Aufklärung*, daß *Haller* der *Heilkunde der primitiven Völker* einen weit größeren Raum gibt als bisher. Sie erfährt zum erstenmal eine wirkliche Darstellung[23]. An *Rousseaus* Idee von den Nachteilen der Kultur klingt die *Haller*sche Vorstellung an, daß die ärztliche Kunst bei den frühen Menschen schnellere Fortschritte machen konnte als später, weil sie noch nicht durch die Bürgerpflichten der Kultur abgelenkt wurden[24]. Dabei werden die Kulturvölker des ganzen bekannten Erdkreises in den Bereich der Betrachtung gezogen und gelegentlich mit den Naturvölkern — echt aufklärerisch — unter demselben Gesichtspunkt behandelt, z. B. bei der vergleichenden Übersicht über die Applikation des Kauteriums, der Blutentziehung und des Schröpfkopfes[25]. Die Anfänge der Kenntnis der Nahrungs- und Genußmittel bringt *Haller* mit der Natur des Landes in Zusammenhang[26]. Es entspricht ferner dem Charakter der Aufklärung, daß er trotz seines religiösen Sinnes anders wie seine Vorgänger von allem Metaphysischen absieht und die medizinischen Kenntnisse ignoriert, die sie in die alten biblischen Persönlichkeiten hineininterpretiert hatten, wenn ihm auch die Heilige Schrift das älteste historische Denkmal und die Schöpfung der ersten Menschen aus Gottes Hand unter besonderen geographischen Verhältnissen eine feststehende Tatsache ist[27], daß er ferner ganz anders wie seine Vorgänger die Abhängigkeit der Entwicklung der Kunst und Wissenschaft von den politischen und allgemeinen kulturellen Veränderungen erkannt hat — Imperiorum

---

[23] Man vgl. die ersten Kapitel des ersten Buches der Bibl. med. pract. tom I, 1 ff.

[24] l. c. tom I, 1.   [25] Vgl. Bibl. chir. lib. II, 58, tom I, 115.

[26] Vgl. Bibl. botan. lib. I, cap. 1, § 1, tom I, 1 ff.   [27] Vgl. l. c. I, 2.

fata ipsae artes sequuntur![28] —, daß er sich bemüht, auf dieser
Grundlage schon für frühe Zeiten verwandtschaftliche Beziehungen
in der Heilkunde zwischen den Völkern nachzuweisen, z. B. zwischen den Chinesen und Ägyptern[29]. So wird im Gegensatz zu
früher, wo immer einzelne Ereignisse oder Persönlichkeiten die
Wandlung und Wanderung der Medizin getragen hatten[30], das
Milieu von Bedeutung. Freilich steht daneben — nach dem einleitend über die Historiographie der Aufklärung Gesagten leicht
verständlich — das Einzelwesen stark im Vordergrund. So wird
beispielsweise dem Interesse der Fürsten ein unmittelbarer Anteil
am Aufschwung der arabischen Botanik zugeschrieben[31] und das
Fehlen dieser Mäzene für den Untergang der Medizin im 17. Jahrhundert mit verantwortlich gemacht[32]. Den rationalistischen
Deutungsversuchen der Aufklärung entsprechend, die gerne — und
oft zum Nachteil — den Maßstab des eigenen Denkens an die
Vergangenheit legte, gibt auch *Haller* die Tradition weiter, daß sich
in den Inschriften und Donarien der alten Tempel wertvolle ärztliche Erfahrungen und Beobachtungen erhielten, und daß in ihnen
Arzneien zu Nutz und Frommen der Bevölkerung aufbewahrt
wurden[33], ohne in allem, wie es in der kirchenfeindlichen Richtung
der Aufklärung so beliebt war und in mancher Medizingeschichte
zutage kommt, bewußten Trug profitgieriger Priester zu wittern.

Über die *Medizin des Mittelalters* geht *Haller* ziemlich flüchtig
hinweg. Bei *Freind* hatte sie eine, wenn auch nicht sehr bejahende,
so doch etwas ausführlichere Bearbeitung gefunden. Die Bezeichnung Mittelalter ist bei ihm so wenig wie bei seinen Vorgängern
zu finden[34]. Auch das entspricht dem Charakter der Aufklärung.
Sie mied das Mittelalter gern, aus guten Gründen. Das Material,
das die gelehrten Historiker dazu allmählich zu schaffen begannen,
war ihr zu schwierig. Da wendete man sich lieber dem 16. und
17. Jahrhundert zu. Hier fühlte man sicheren Boden unter den Füßen.
So ist es auch bei *Haller*. Zwar wird die altgermanische und die
Klerikermedizin, von der *Freind* kein Wort bringt, kurz gestreift[35],
aber nach dem Untergang der Wissenschaften und Künste, die
der Sturz des Römischen Reiches nach sich zog, blieb im Abendland
von der Medizin kaum eine Erinnerung. Die Mönche zitieren außer
den Arabern nur *Galen*; denn die antiken Ärzte existierten damals
nicht in lateinischer Übersetzung. Durch ihre klösterliche Ordnung

---

[28] Bibl. botan. tom I, 171.   [29] l. c., tom I, 6.
[30] Vgl. meinen Aufsatz in der Finke-Festschrift, S. 462.
[31] Bibl. bot. tom I, 171.   [32] Bibl. med. pract. tom II, 518.
[33] Bibl. med. pract. I, 8.   [34] Vgl. Finke-Festschrift, S. 463.
[35] Bibl. med. pract. I, 424.

von Reisen und Naturbeobachtungen abgehalten, kannten sie die Natur nur aus Büchern[36]. So hing alles an den Arabern. Auch Salerno und Montpellier erscheinen als rein arabische Schulen[37].

Die Ursache des Aufschwunges der Naturwissenschaften und der Medizin im 15. und 16. Jahrhundert sieht *Haller* nicht mehr, wie es die naive Katastrophentheorie der älteren Medizinhistoriker getan hatte[38], in einem einzigen Ereignis, wenn auch die Vertreibung der Gelehrten aus Konstantinopel dabei eine wichtige Rolle spielt. Es kommt vieles zusammen: die Erfindung der Buchdruckerkunst, die das Wissen auch in die Kreise der Armen trug, die philologische Reinigung der griechischen Quellen, die Entdeckung der neuen Erdteile mit ihren großen Schätzen[39], das Auftreten neuer Krankheiten, wie der amerikanischen Lues u. a., die die Ärzte vor neue Probleme stellen und zur Naturbeobachtung direkt zwangen[40]. Dazu kommt das Werk einzelner „Instauratoren" auf dem Gebiet der praktischen Medizin, die der Alleinherrschaft der Araber ein Ende machten, so *Alexander Benedettis*, *Leonicenos*, des energischsten Gegners der Sarazenen, *Jakopo Berengarios*, der die Ärzte zur Natur zurückrief, *Benivienis*, der seltenere Fälle der eigenen Praxis aufzeichnete. Von größter Bedeutung für den Umschwung erscheint *Haller*[41] die Wandlung der Therapie von der fast ausschließlichen Anwendung der Drogen zur Behandlung mit chemischen Mitteln, die aus Mineralien hergestellt sind. Diese Wandlung führt er auf eine einzelne Person, auf *Paracelsus*, zurück. Von diesem Standpunkt, aber auch nur von diesem, wird er für ihn zum Wendepunkt. Mit *Hohenheim* hat das Zeitalter der chemischen Medizin begonnen. Seine Bedeutung als Reformator der Grundlagen der Heilkunde hat er so wenig erkannt wie die *Vesals*. Wenn dieser auch unter den restauratores der Anatomie als einer der größten figuriert und seine fabrica als unsterbliches Werk bezeichnet wird, durch das alle älteren fast überflüssig geworden sind[42], so sieht *Haller* die Ursache des Aufschwunges der Anatomie in der besseren Gestaltung der überlieferten anatomischen Texte, in den Fortschritten der Holzschnittkunst und schreibt vor allen den Künstlern *da Vinci* und *Raffael* einen wichtigen Anteil zu[43]. *Falloppio* steht ihm höher als *Vesal*. Mit seinen Observationes anatomicae läßt sich keines der älteren Werke vergleichen. Mit ihm beginnt die lateinische Anatomenschule, der ein ganzes Buch gewidmet ist[44].

---

[36] Bibl. bot. I, 214.   [37] Bibl. med. pract. I, 426.
[38] S. Finke-Festschrift, S. 462.   [39] Bibl. bot. I, 255.
[40] Bibl. med. pract. I, 473.   [41] Bibl. med. pract. II, 2.
[42] Bibl. anat. I, 181.   [43] l. c. S. 164.   [44] l. c. S. 218.

Je mehr sich die in den Bibliotheken besprochene Literatur der eigenen Zeit *Hallers* nähert, desto ausführlicher werden die zusammenfassenden Darstellungen. Man merkt das Bedürfnis, sich mit den letzten $1^1/_2$ Jahrhunderten besonders gründlich auseinanderzusetzen[45]. Im 17. Jahrhundert werden die Kriege, die insbesondere Deutschland verheerten, und der ihnen folgende Pauperismus neben dem Fehlen hervorragender Botaniker und Ärzte[46] für den Niedergang der Pflanzen- und Heilkunde verantwortlich gemacht, aber auch das Ablenken der wissenschaftlichen Köpfe durch die aufblühende Chemie, Nachteile, die zum Teil durch die botanischen Schätze aus beiden Indien und durch die namentlich in Belgien heimische Liebe zur Gartenkultur und öffentliche Gärten ausgeglichen wurden[47]. Kriege sind es wieder gewesen, die Kriege Ludwigs des XIV., welche die französischen Chirurgen förderten[48]. In der Behandlung des 17. Jahrhunderts tritt die Neigung zur geographischen Orientierung des Schauplatzes der Medizin hervor. Damals vollzog sich nach *Haller* die größte Umwandlung in der Medizin[49]. Im Anfang gab es zwei Sekten, die galenische und die chemische, die der empirischen nahestand. Jener folgte das südliche, dieser das nördliche Europa. Aber im ersten Viertel des Jahrhunderts brachte *Harveys* Entdeckung einen vollständigen Umschwung in den Anschauungen über die Venen, die Ernährung und die Fieber, dann enthüllte *Helmont* die theoretischen Fehler der Schulmeinungen und lehnte ihre ganze Physiologie und Pathologie ab, *Cartesius* und seine Nachfolger, die Ärzte um *de le Boe* änderten die gesamte Theorie, führten den Gebrauch der warmen und flüchtigen Alkalien ein und setzten alles auf die Überwindung der Säure und die Verdünnung des Blutes. Demgegenüber erweckte *Sydenham*, der Natur folgend, die Grundsätze des *Hippokrates* und zeigte, daß die gleiche Krankheit in anderen Jahren nicht die gleiche sei, verwarf die Behandlung der Fieber mit Warmem, ersetzte sie durch Antiphlogistika und lehrte die Ärzte aus dem Erfolg urteilen. Die Perurinde erwarb sich gegen viele Widerstände den ihr gebührenden Platz. Aber weiter setzten sich allenthalben die chemischen Medikamente durch. So war am Ende des Jahrhunderts die galenische Schule fast ganz zu den Spaniern und einigen wenigen Italienern „relegiert", Deutschland befolgte eine gemischte therapeutische Methode, die nicht weit von

---

[45] In der Einleitung zu den Elementa physiologiae sagt er, daß er aus der Literatur der letzten 120 Jahre mehr Nutzen gezogen hat, als aus der der vorausgegangenen 50 Jahrhunderte.

[46] Bibl. med. pract. II, 518.   [47] Bibl. bot. I, 432.

[48] Bibl. chir. I, 379.   [49] Bibl. med. pract. II, 344.

der *Helmont*schen entfernt war. In Belgien herrschte die Theorie *de le Boes.* Frankreich behielt Silvisches, Kartesianisches und Galenisches. Die Araber wurden aus der Medizin fast ganz verbannt, vielleicht zu sehr vernachlässigt. Anatomie, Chemie, Botanik, mechanistische Überlegungen, physikalische Experimente nahmen einen gewaltigen Aufstieg. Krankengeschichten und häufigere Autopsien brachten Licht. Aber wirklich exakte Beobachtungen an einzelnen Fällen wurden nur von wenig Ärzten geliefert, Diagnose und Prognose kaum gefördert. Die unreifen Versuche von *Baglivi* bedeuteten nicht viel.

Mit der Betrachtung des 18. Jahrhunderts tritt der pragmatische Charakter der Darstellung *Hallers* ganz besonders deutlich hervor. Die biologisch-pathologischen Theorien, die diagnostisch-therapeutischen Methoden der Vergangenheit sind für ihn noch durchaus aktuell. Die chemische Schule vernachlässigte nach ihm das Nachdenken über den einzelnen Krankheitsfall, das Forschen nach der Ursache, Diagnose und Prognose, die Sorge um die Diät; denn sie setzte alles Vertrauen in irgend ein chemisches Medikament spezifischer Art, von denen aber die Laboratorien im Verhältnis zu den vielen verschiedenen Krankheiten nur wenige vorrätig haben. So ging es abwärts mit dem hippokratischen Studium und der geduldigen Krankheitsbeobachtung[50]. Aber auch die therapeutischen Grundsätze *Sydenhams,* die *Boerhaave* u. a. durch ihre Rückkehr zur hippokratischen Einfachheit imponierten, ließen sich angesichts der modernen Erfahrungen über die Fieberbehandlung nicht mehr aufrechterhalten.

Den Ausklang der historischen Darstellung bilden die Ausführungen über die beiden Systematiker *Stahl* und *Boerhaave. Hoffmann* tritt dagegen in keiner Weise hervor, sondern wird ähnlich wie *Vesal* unter den anderen Autoren im Rahmen der Literaturberichte behandelt. Die Ähnlichkeit des Animismus mit älteren biologischen Theorien hat *Haller* klar erkannt. Für das, was *Hippokrates* Natur, *van Helmont* Archaeus genannt hat, liest man bei *Stahl* unsterblicher Geist. *Campanella* und *Claude Perrault*[51] sahen schon in den Fiebern eine Anstrengung der Natur, sich vor der bedrückenden Krankheitsmaterie zu retten. Aber *Stahl* hat doch erst versucht, diese Kraft der vernünftigen Seele weiter aufzuklären, mit Beweisen zu sichern, an einzelnen Beispielen immer weiter darzutun, und die Praxis darauf aufgebaut. Da er zudem viele Jahre an einer berühmten und besuchten Akademie lehrte, zahlreiche Schüler hatte, da seine Richtung mit verändertem Namen

---

[50] Bibl. med. pract. II, 518. [51] Gest. 1688 in Paris.

im Ausland, in Belgien, Frankreich und England weiter wirkt und
die Fundamente des Vitalismus keine anderen sind, so läßt *Haller*
mit ihm eine neue Epoche beginnen, weil er der Begründer einer
neuen berühmten Sekte wurde[52].

Boerhaave, seinem verehrten Lehrer, ist es in erster Linie zu
verdanken, daß die unwirksame Therapie mit mineralischen Che-
mikalien (curatio terrae) nicht weiter dominierte, daß die allgemeine Anwendung der Alkalien und der schweißtreibenden Mittel
bei akuten Krankheiten aufhörte, daß die Ansicht ihre Gültigkeit
verlor, die meisten Krankheiten hätten ihre Wurzel in der Über-
säuerung und die Verdünnung des Blutes sei die Hauptaufgabe des
Arztes. In ganz Europa hatte *Boerhaave* Schüler, wurde seine
Lehre weiter ausgebaut und, wo man vereinzelt, wie in Frankreich
unter dem Eindrucke des Archaeus, seine Lehre angreift oder, wie
in England, in der Fieberbehandlung von seinen Wegen abweicht,
da sind doch die meisten Mahnungen des großen Arztes trotzdem
in die Gesetze der Kunst aufgenommen worden[53].

So sah — kurz skizziert — *Haller* die Geschichte der Medizin.
Es hätte sich bei vielen Gelegenheiten darauf hinweisen lassen, wieviel von dem, was hier zum erstenmal in bescheidenen Anfängen
zutage tritt, in der späteren Historiographie der Medizin zum Teil
bis auf den heutigen Tag lebendig geblieben ist. Aber das wäre
für den, der die Lehrbücher von *Sprengel*, *Haeser* und den späteren
kennt, langweilig gewesen. So habe ich lieber *Haller* selbst sprechen
lassen. Jedenfalls liegt die Bedeutung der Bibliotheken nicht nur
in ihrer Eigenschaft als Nachschlagewerk. Als solches werden sie
noch lange jedem Medizinhistoriker unentbehrlich sein trotz der
vielen Unzulänglichkeiten, Versehen und Druckfehler, die *Haller*
selbst am meisten beklagt hat. Er selbst wollte aus ihnen für die
Heilkunde seiner Zeit unmittelbaren Nutzen schöpfen. Am Anfang
wurde gesagt, daß die Stellung des Medizinhistorikers zur Vergangenheit zum Teil von den medizinischen Anschauungen abhängt,
in denen er selbst aufgewachsen ist. Hier kam *Haller* die Schule
Boerhaaves zugute. Der Eklektizismus seines Lehrers hat ihm die
Objektivität des Urteils ermöglicht, die er anstrebte, und die wir
an ihm bewundern. Kein besserer Beweis dafür als seine Würdigung
der historischen Bedeutung *Stahls*, dessen Theorien er in den
Elementa physiologiae als Irrtum scharf bekämpft[54]. Auf der
anderen Seite hat ihm der Pragmatismus den historischen Blick
gelegentlich getrübt. Sonst wäre es nicht möglich, daß es sich nach

---

[52] Bibl. med. pract. III, 575.   [53] Bibl. med. pract. IV, 142.
[54] Vgl. oben S. 109 und Elem. phys. I, 482, IV, 523.

seiner Ansicht kaum verlohnt, von den Theorien *Hohenheims* zu reden, daß er an der reformatorischen Bedeutung *Vesals* vorbeisieht. *Haller* begnügt sich keineswegs mit dem pragmatischen Gesichtspunkt. In der Einleitung zu den Elementa physiologiae[55] erklärt er ausdrücklich, daß die darin eingestreuten historischen Untersuchungen der Erholung des Lesers dienen sollen, ein Ziel, das an die künstlerisch ästhetische Tendenz der humanistischen Geschichtsschreibung erinnert. Er war ja ein ausgesprochen historischer Kopf. Selten wird man markante ärztliche Persönlichkeiten der Vergangenheit mit ihrer wissenschaftlichen Veranlagung, ihrem Charakter und ihrem Lebenswerk mit so wenigen Strichen so lebensvoll gezeichnet finden wie bei ihm einen *van Helmont, de le Boe* u. a.[56] Der erstmalige, vielleicht ganz unbewußte Versuch, die Geschichte der Heilkunde im Sinne der Aufklärung noch von anderen Faktoren als vom Individuum abhängig zu machen, sie mit dem politischen und kulturellen Milieu, mit natürlichen Verhältnissen in Zusammenhang zu bringen und geographisch zu orientieren, ist nichts weniger als kühl wägender Pragmatismus. Dadurch ist *Haller* über seine Vorgänger, die für diese Dinge wenig oder keinen Sinn hatten, hinausgewachsen und zum Markstein in der Entwicklung der medizinischen Historiographie geworden, obwohl er keine zusammenhängende Geschichte der Medizin geschrieben hat. Mit ihm beginnt die *Medizinhistorik der Aufklärung.*

---

[55] tom. I, XI.

[56] Vgl. z. B. Bibl. med. pract. II, 518, 627.

Naturwissenschaftliches bei Lessing und Herder.

Von Robert Stein, Leipzig.

Wenn es hier in der Überschrift „Naturwissenschaftliches" heißt und nicht „Naturwissenschaft bei Lessing und Herder", so soll damit eine Einschränkung ausgedrückt sein. Keiner dieser beiden Geisteshelden war Naturforscher, wohl aber kannten sie ein gut Teil der Naturwissenschaft ihrer Zeit und haben in ihren Werken diese Kenntnis verwertet, Herder sogar mit weithin reichender Wirkung.

* * *

I. *Lessings* Stellung zur Naturwissenschaft ist selten untersucht worden, selbst im Lessing-Gedenkjahr 1929 sind — soviel ich sehe — nur zwei diesbezügliche Arbeiten erschienen: eine von *Rakusin* im Archiv für Geschichte der Mathematik, der Naturwissenschaften und der Technik (11. Bd) und eine *von mir* in den Neuen Pädagogischen Studien (I. Jahrg.). *Rakusin* schildert „Die Verherrlichung der exakten Wissenschaften durch Lessing"; er behandelt zwei Gedichte, die unter den „Fragmenten" aufgeführt werden. sowie Lessings „Poetische Anmerkungen zu den poetischen Einwürfen eines Freundes"; bei letzteren hat sich *Rakusin* geirrt, wie ich in meiner „Berichtigung betreffs Lessings" in demselben Archiv (12. Bd S. 215f.) dargetan habe: *Rakusin* hält die „Einwürfe" für Lessings Geisteserzeugnis. Überhaupt legt er den Gedichten eine viel zu große Bedeutung bei.

Zu *meiner* Erörterung über „Lessings Stellung zur Naturwissenschaft" seien hier einige Ergänzungen geboten. Lessing kam als Siebzehnjähriger auf die Universität Leipzig; am 20. September 1746 wurde er immatrikuliert und erhielt bereits drei Wochen später (!) ein Fleißzeugnis von Professor *Kästner*, dem bekannten Mathematiker, Physiker und Epigrammdichter. Es handelte sich dabei um Lessings Teilnahme an Kästners philosophischem Collegium disputatorium; das Zeugnis hat *G. Uhlig* in der Wissenschaftlichen Beilage der „Leipziger Zeitung" 1912, Nr. 40, zuerst veröffentlicht. Da dieses bezeichnende Fleißzeugnis zur Stipendienerlangung in der Buchliteratur über Lessing fehlt — sogar in *Biedermanns* „Gesprächen" —, sei es hier im vollen Wortlaut wiedergegeben.

L. B. S. [Lectori Benevolo Salus]

De industria profectibusque Nob. Dom. Gotthold Ephraim Lessing rectore Magnif. Kappio albo academico inserti, eo confidentius optima quaevis testari possim, quo meo moderamine de rebus philosophicis cum amicis disputando talem se exhibuit, qui recte cogitare, cogitaque sua dilucide et eleganter exponere didicerit, ut de studiis eius nisi egregia quaevis sperare possim.

Datum Lipsiae, d. 12. Oct. 1746

Abraham Gotthelf Kaestner, I. N. O.

Math. P. P. Extr.

Lessing war zunächst stud. theol.; später trat er in die medizinische Fakultät über; auch an der Universität Wittenberg, wohin er im August 1748 kam, ließ er sich als Mediziner eintragen; ebenso galt er in Berlin, wo er schon nach der ersten Wittenberger Zeit lebte, als Mediziner, was vielleicht am meisten durch die bezeichnende Aufschrift jenes Briefes bekannt ist, den *Voltaire* am 1. Januar 1752 an ihn schrieb, um ein „entwendetes" Manuskript zurückzufordern; sie lautete: à Monsieur, Monsieur Lessing, Candidat en Médecine à Vittemberg et s'il n'est pas à Vittemberg, renvoyez à Leipzig, pour être remis à son père, ministre du St. Evangile à deux miles de Leipzig, qui saura sa demeure. Saxe.

Von der Leipziger Zeit ist noch das Fleißzeugnis des Mediziners Prof. *Hundertmark* hervorzuheben, der bescheinigte, daß Lessing bei ihm „mit großem Fleiß und ebenso großer Ausdauer" *chemische* und *botanische* Vorlesungen gehört habe; aus der Wittenberger Zeit sei an die längst verschollene Arbeit erinnert, mit der Lessing die Magisterwürde erwarb; sie behandelte den spanischen Arzt und Philosophen *Juan Huarte*. In Wittenberg erlebte Lessing übrigens den Streit des Physikprofessors *Bose* mit der Theologen-Fakultät; *Bose*, der dem gelehrten Papste *Benedikt XIV.* einige seiner naturwissenschaftlichen Werke übersandt hatte, veröffentlichte in einer neuen Schrift mit lobenden Worten den vom Kardinal *Valentini* übermittelten Dank des Papstes; daraufhin wurde er von den Theologen scharf angegriffen, über die sich Lessing durch ein Epigramm (1752) lustig machte; er legte ihnen nämlich folgende Worte in den Mund:

> „Er hat den Papst gelobt. Und wir, zu Luthers Ehr',
> Wir sollten ihn nicht schelten?
> Den Papst, den Papst gelobt! Wenn's noch der Teufel wär',
> So ließen wir es gelten."

Dieser *Bose*sche Streitfall hat damals — weit über Wittenberg hinaus — viel Staub aufgewirbelt[1]; Lessing selbst nahm in seiner Rettung des Lemnius mit einer scharfen Bemerkung nochmals auf jenen Streit Bezug; sein Epigramm steht nur in einigen Lessing-Ausgaben und Lebensbeschreibungen.

Der ehemalige stud. med., der Philologe und Bibliothekar Lessing kennt natürlich antike Medizin und Naturwissenschaft, besonders *Hippokrates*, *Galen* und *Plinius*; er kennt auch *Paracelsus*; er kennt eine große Zahl naturwissenschaftlicher Werke seiner eigenen Zeit, vor allem *A. v. Haller*, *Kästner*, *Linné*. Von alten und neuen Naturforschern und Mathematikern nennt er z. B. in seinen Schriften: *Agathan*, *Agouillon*, *Albertus Magnus*, *Alhazen*, *Descartes*, *Doppelmayr*, *Euclid*, *Euler*, *Forster*, *Galiani*, *Galilei*, *Gesner*, *Hager*, *Heilbronner*, *Humbertus* (Kardinal), *La Mettrie*, *Manucci*, *Mercator*, *Meton*, *Newton*, *Peutinger*, *Marco Polo*, *Ptolemäus*, *Réaumur*, *Reyselius*, *Smith* (Optik), *Strabo*, *Temulius*, *Vitellio*.

Seine Lieblinge sind Mineralien, Edelsteine, deren Beschreibungen durch *Vogel* sowie durch *Bruckmann* ihm geläufig sind; ja er setzt, sich mit einem Kritiker der Jenaischen Gelehrten Zeitungen fachgemäß über Mineralien auseinander. Als er den glücklichen Fund von dem Traktat (über die Eiche) des päpstlichen Leibarztes *Arnold de Villa Nova* aus dem Mittelalter macht, weiß er gleich die einschlägige Literatur bis auf *Hallers* Bibliotheca botanica zu handhaben.

In einer Rezension von 1752, wo er *Maßnet* wegen dessen Berücksichtigung der Experimentalphysik lobt, tadelt er jene, „welche die Natur nach ihren Ideen, nicht aber ihre Ideen nach der Natur einrichten wollen"; in einer Rezension von 1753 (Esprit des Nations) stellt er es als lächerlich hin, wenn ein Naturforscher seine neuen Entdeckungen nicht durch Experimente beweisen wolle. Freilich, es kommen auch sonderbare Ansichten bei Lessing vor, denen wir nicht beipflichten können; wegen Einzelheiten muß ich auf meinen Aufsatz in den Neuen Päd. Studien verweisen. — Über Medizinisches bei Lessing siehe *E. Ebstein*, Dtsch. med. Wschr. *1929*, Nr 3.

*   *   *

II. *Herders* Stellung zur Naturwissenschaft ist im Gegensatz zu derjenigen *Lessings* oft und ausführlich, zuweilen recht temperamentvoll erörtert worden: von Naturforschern, Philosophen, Theologen, Literarhistorikern. Dies kam daher, weil Herder in seinen „Ideen zur Philosophie der Geschichte der Menschheit" (1784—91) eine umfassende Schau von der Entstehung des Planeten Erde, der

---

[1] Siehe: Erlang. gelehrte Ztg 1755, 377—379.

unbelebten und belebten Natur bis zum Menschen, zur Humanität bot; in diesen „Ideen" hauptsächlich sahen die einen eine höchst wichtige Vorstufe der Deszendenzlehre, die andern lehnten diese Auffassung von den Herderschen „Ideen" ab. *Walter May* hat im Archiv für die Geschichte der Naturwissenschaften und der Technik (4. Bd, 1912/13) das Problem eingehend erörtert und die hauptsächlichste Literatur zusammengestellt; er nimmt auch selbst Stellung und lehnt die Auffassung von Herder als einem Deszendenztheoretiker ab. Es kommt zu einer Kontroverse mit *A. Hansen*, der im selben Archivbande gegen *May* seine gegenteilige Auffassung, die schon 1907 und 1909 von ihm dargelegt und die in der *May*schen Abhandlung bekämpft worden war, verteidigt; *May* wies 1913 von neuem die *Hansen*schen Gründe zurück — in den Mitteilungen zur Geschichte der Medizin und der Naturwissenschaften (12. Bd, S. 289—91). Schließlich veröffentlichte *May* 1917 in der Naturwissenschaftlichen Wochenschrift (N. F. XVI, S. 223f.) den Aufsatz „Kant und Herder als Vorläufer Weismanns", worin Kants und Herders Vorausahnung der Nichtvererblichkeit erworbener Eigenschaften dargetan wird. In all den Jahren seitdem ist keine Schrift über Herders Naturauffassung mehr erschienen; in *Jos. Nadlers* großem Aufsatz „Goethe oder Herder?" (Hochland, Oktober 1924), der vollends durch die Polemik in der Goethe-Gesellschaft weithin Beachtung fand, ist die Bedeutung von Herders „Ideen zur Philosophie der Geschichte der Menschheit" in helles Licht gerückt und Herder als „Historiker, Naturforscher, Philosoph" bezeichnet; eine Begründung für die Bezeichnung „Naturforscher" fehlt aber.

Auch *Kühnemann* nannte Herder einen Naturforscher, ja einen „großen Biologen" (1914, in der Einleitung zur gekürzten Ausgabe der „Ideen"). Und nicht nur *Nadler* und *Kühnemann*. Aber *Richard Noll* 1914, *J. H. F. Kohlbrugge* 1913, *W. May* 1912 u. a. lehnten es ab, Herder als Naturforscher anzuerkennen. Wohl wird immer Herders erstaunliche Kenntnis der zeitgenössischen Naturwissenschaft gerühmt. Ich möchte dieser Naturwissenschaftskenntnis des Theologen, Philosophen und Dichters Herder eine ähnliche des Theologen und streng systematischen Gelehrten *A. Titius* an die Seite stellen, der in seinem Werke „Natur und Gott" (1926) einen „Versuch zur Verständigung zwischen Naturwissenschaft und Theologie" unternimmt und dabei eine überraschende Fülle neuer naturwissenschaftlicher Werke berücksichtigt.

Es verlohnt sich bei Herder, nicht nur die „Ideen" und andere größere Schriften vorzunehmen, sondern auch kleinere Aufsätze, um nämlich zu sehen, wie groß seine Kenntnis der naturwissenschaftlichen Literatur seiner Zeit ist. In der *Adrastea* von 1801 heißt es in der Beilage („Wodurch verbreitet sich eine Sprache mit bleibender Wirkung?“): „Wäre *Lavoisiers* System der Chemie bei uns (Deutschen) entstanden, so hätten Wir ihm Namen gegeben, jetzt müßten wir fremde Worte nachsprechen und nachmodeln.“ Herder weiß also nicht nur von der neuen chemischen Lehre, sondern sogar auch von der durch sie bedingten und durch ihren Schöpfer *Lavoisier* mit dessen Freunden geschaffenen chemischen Nomenklatur, die nicht nur damals „nachgesprochen und nachgemodelt“ wurde, sondern es heute noch wird. Ja, er kennt auch einen dieser Freunde *Lavoisiers*, nämlich *Fourcroy* (Fourcroi bei Herder in dem Aufsatz „Akademien unter Ludwig XIV.“). — Sein *Newton*-Aufsatz hat folgende Abschnitte: „1. Isaak Newtons Gesetz der Schwere; 2. Newtons Teleskop; 3. Newtons Theorie des Lichts und der Farben; 4. Newton und Keppler.“ In jenem ersten Abschnitt steht ein besonderes Stück: „*Kepplers* Gedanken über Anziehung und Schwere der Weltkörper (aus seinen Schriften gezogen größtenteils mit *Kästners* Worten, Geschichte der Mathematik)“. Er erwähnt *Kepler* in „Wißenschaften, Ereigniße und Charaktere des vergangenen Jahrhunderts“ (Adrastea 1802); er erwähnt weiterhin u. a. *Boile, Tycho de Brahe, Büffon, Euler, Galilei, Haller* (dessen Physiologie mehrfach bei ihm vorkommt), *Kopernikus, Lagrange*, selbstverständlich *Leibniz, Toricelli*; *Stahl* und *Hoffmann* nennt er die *Galen* und *Hippokrates* in Halle; von *Kants* Erdtheorie natürlich ebensowenig zu reden wie von seiner eigenen Auffassung der Geographie als des assoziativen Faches.

Es darf noch daran erinnert werden, daß Herder schon als Jüngling mit der Naturwissenschaft in unmittelbare Berührung kam, ähnlich wie Lessing; „Das Studium der Botanik“ wurde sogleich eifrig in Angriff genommen, sagt *Haym* von dem 17—18jährigen Herder, der gerade von dem Regiment*schirurgen Schwarzerloh* (Schwarz Erla, nach Kühnemann) aus der drückenden Abhängigkeit beim Diakonus *Tresso* befreit worden war. *Schwarzerloh* wollte ihn zum Chirurgen ausbilden, aber der zarte Jüngling fiel bei der ersten Sektion in Ohnmacht. Da ließ dieser die Chirurgie sein und wurde Student der Theologie.

Ist es ein Zufall, daß im Herderhaus, wo der Familienvater — von Beruf Geistlicher — ein Freund der Naturwissenschaften war, *vier Söhne* sich der Naturwissenschaft zuwandten? *Gottfried* Herder (1774—1806) wurde Mediziner, er war Hofmedikus in Weimar; *August* (1776—1838), später in den Freiherrnstand erhoben, ging ins Bergfach; *Emil* (1783—1855) und *Rinaldo* (1790 bis 1841) erwählten sich das Forstwesen.

Schließlich noch eine Ergänzung: *May* schreibt (im Archiv IV, S. 91): „... Nachfolger (wie sie ihm *Kant* gewünscht hatte) sind denn dem Naturphilosophen Herder unter den bedeutendsten Geistern der Folgezeit auch erstanden"; *May* nennt nun insbesondere *Schelling, A. v. Humboldt, Karl Ritter*, in gewisser Hinsicht auch *Oken* (S. 37 u. 91); er hätte dazufügen können: *Görres*.

Anmerkung: Für Lessing ist die große Ausgabe seiner Werke von *Lachmann-Muncker* zugrunde gelegt, für Herder die *Suphansche* Ausgabe; biographisch *Erich Schmidt, Oehlke* bzw. *Haym, Kühnemann;* dazu noch für Herder die gekürzte Ausgabe der „Ideen" in der „Deutschen Bibliothek" (Berlin). — Über Görres siehe die Literatur in *meinem* Aufsatz: „Naturwissenschaftliche Romantiker" (in der von *E. Ebstein* und mir herausgeg. Sudhoff-Festschrift 1923 [Arch. Gesch. Med. 15]); ferner in *meiner* Görres-Auswahl 1928 (Reclam-Bändchen Nr. 6855—56).

Oken, Carus, Goethe.
Zur Geschichte des Gedankens der Wirbel-Metamorphose.
Von Rudolph Zaunick, Dresden.

I.

Die Geschichte der Wirbelmetamorphosenidee ist *äußerlich* die
Geschichte eines *Prioritäts*-Streites. *Oken* und *Goethe* — geistig
immer „antipolare" Naturforscher[1] — sind auch hier Pol und
Gegenpol. Und die geschichtliche Darstellung dieser Kontroverse
wird außerdem noch durch andere Züge verwickelt. Einmal dadurch, daß der Hygieniker *Joh. Peter Frank* in einer Promotions-
rede des Jahres 1792 den Gedanken ausgesprochen, daß der ganze
Schädel *einem* Wirbel zu vergleichen sei. Zum anderen, daß
Etienne Geoffroy Saint-Hilaire unten in Ägypten als Expeditions-
begleiter *Napoleons* um die Jahrhundertwende die Wirbelidee durch
den Kopf geschossen war; eine Konzeption, die *Geoffroy* dann weiter
durchdachte und auch im Kolleg vortrug, wodurch im Jahre 1809
der bei ihm hörende *Johannes Spix* die Anregung zu seiner „Cephalogenesis" (München 1815) empfing, die *Goethe* so entsetzte[2].

Mag man auch heute in unseren wissenschaftsgeschichtlichen

---

[1] Vgl. *Julius Schusters* schönen Vortrag: Oken. Der Mann und sein
Werk (Berlin 1922).

[2] *Goethe* glaubte an eine von *Oken* ausgehende Beeinflussung *Spixens*.
So schrieb er am 21. Juli 1821 an *C. F. Burdach* gegen *Spix'* Cephalogenesis,
implicite gegen *Oken* gerichtet: „Ich weiß recht gut woher das Unheil
kommt; 1807 sprang dieses so edle Geheimniß unvollständig an's Licht,
man suchte die empfundenen aber nicht eingesehenen Mängel mit falschen
Beziehungen zu decken und so pflanzte sich von den Ältern auf die Jüngern
eine unrichtige Behandlung fort, an welcher auch Sie leiden. Alle die Jahre
her hoffte ich, es werde ein lebhafter Geist sich aus diesen Fesseln be-
freyen, allein vergebens. *Spix* bearbeitete seine Tafeln in eben dem bor-
nirten Sinne; wer fühlt sich nicht verworren, indem er sie studirt; früher
oder später wird man ihre Unbrauchbarkeit einsehen; ich verlange es nicht
zu erleben, aber den Nachkommen will ich wenigstens auf die Spur helfen"
(*Goethes* Werke [Weimarer Ausgabe], Abt. IV, Bd. 35, 1906, Nr 25, S. 26 ff.).
— Auch an *Carus*, der ihm am 28. Dezember 1821 zwei Tafeln über die
Gliederung des Kopfskeletes aus seinem künftigen Werke geschickt hatte,

Kreisen die Untersuchung der Prioritätsstreitigkeiten im allgemeinen als irrelevant auf die Seite stellen, so ist und bleibt doch gerade die Geschichte der Prioritätskontroverse zwischen *Oken* und *Goethe* in Sachen der Wirbelmetamorphose ein Thema, das immer des aufnehmenden und weiterforschenden historischen Anteils wert ist. Denn beide Männer wurden durch diesen Streit bis ins Innerste erschüttert: *Oken*s Gefühlsausbrüche sind literarisch manifest; und *Goethe*s Darlegungen über „Priorität, Anticipation, Präoccupation, Plagiat, Posseß, Usurpation"[3] sind uns ein offenes Selbstbekenntnis dafür, wie ihn solch wissenschaftlich-allzumenschliche Fragen innerlich bewegten.

Oft schon ist die Geschichte des Gedankens der Wirbelmetamorphose mehr oder minder eindringend dargestellt worden, zuletzt von *H. Wohlbold*[4], der zugleich die Quellenzeugnisse aus *Oken*s und *Goethe*s Feder durch Neudruck jedermann leicht zugänglich machte. *Wohlbold* hat auch davon kurz berichtet, wie vor allen anderen *Carl Gustav Carus* in seinem Foliowerk: „Von den Ur-Theilen des Knochen- und Schalengerüstes" (Leipzig 1828) die Wirbelidee am gründlichsten durchgearbeitet hat. Ich selbst habe dann im Jahre 1926 eine Studie veröffentlicht[5], in deren zweitem Teil ich die heute ganz vergessenen literarischen Vorarbeiten *Carus'* aus diesem Ideenkreise zu bibliographischer Kette reihte, weiterhin *Goethe*s freudig zustimmende Zeugnisse wiedergab und schließlich erstmalig einen Brief *Oken*s an *Carus* über dessen großes Wirbelwerk mit dem nötigen Apparat an Erklärungen abdruckte.

---

schrieb er am 13. Januar 1822: „Wie traurig, schrecklich, sinneverwirrend ist gegen diesen einfachen Vortrag das colossale, in gleicher [!] Maaße verunglückte *Spix*ische Werk, welches die alte Wahrheit wieder zu Tage bringt, daß man mit fremdem Gute nicht so bequem, fruchtbar und glücklich gebahre als mit eignem" (ebenda, Bd. 35, 1906, Nr 198, S. 233 ff.). — Und zwei Jahre später sprach *Goethe* noch einmal in seinem kleinen Aufsatz: Das Schädelgerüst aus sechs Wirbelknochen auferbaut (in: Zur Naturwissenschaft überhaupt, besonders zur Morphologie, Bd. II, H. 2, Stuttgard u. Tübingen 1824, S. 122—124) öffentlich aus, daß „der falsche Einfluß" (sc. *Oken*s!) sich am schlimmsten auf ein würdiges Prachtwerk ausgewirkt habe, „welches Unheil sich in der Folgezeit leider immer mehr und mehr offenbaren wird".

[3] „Meteore des literarischen Himmels", zuerst abgedruckt in: Zur Naturwissenschaft überhaupt, Bd. I, H. 2 (Stuttgard u. Tübingen 1820) S. 88—96.

[4] Die Wirbelmetamorphose des Schädels von *J. W. v. Goethe* und *Lorenz Oken*. Mit einer Einleitung hrsg. von *H[ans] Wohlbold* (München 1924).

[5] *Rudolph Zaunick*, Zwei Briefe Lorenz Okens an Carl Gustav Carus. Ein Beitrag zu Carus' Gesamtwürdigung als Biologen. In: Mitt. Gesch. Med. u. Naturwiss. 25 (1926) S. 141—146, 205—213.

Fehlender Raum verbot mir damals, ein längeres Postscriptum *Oken*s zu diesem Briefe vom 28. Dezember 1828 mit abzudrucken. So mag nun heute diese Nachschrift, welche die Prioritätsfrage in Sachen der Schädelwirbel-Metamorphose in leidenschaftlicher Erregung anschneidet, zum ersten Male aus dem Autogramm der Öffentlichkeit mitgeteilt werden, zusammen mit mancherlei anderem aus Handschrift und Druck von einst.

II.

Carus ließ an *Goethe* sein Werk „Von den Ur-Theilen des Knochen- und Schalengerüstes" kurz vor seiner Reise nach dem Süden mit folgendem Schreiben vom 21. März 1828 abgehen, das ich nach dem Original im Weimarer Goethe- und Schiller-Archiv erstmalig (der leichteren Lesbarkeit wegen modern interpunktiert) abdrucke:

„Ew. Excellenz

kann ich endlich das so lange gepflegte, vielfältig erwogene und mit größter Umsicht ausgeführte Werk über die Ur-Theile des Knochengerüstes vorlegen. — Wie sehr es mich freuen muß, demjenigen, der den Keim zu diesen Bestrebungen gelegt hat, eine wenigstens zu einer gewissen Reife gediehene fertige Pflanze dieser Art darbringen zu können, kann schon aus dem, was ich in der historischen Einleitung ausgesprochen habe, sattsam hervorgehen.

Wäre ich nicht eben im Begriffe, mit dem Prinzen *Friedrich v. Sachsen* eine Reise nach Italien anzutreten, so hätte ich mir die Freude nicht nehmen lassen, Ew. Excellenz persönlich dieses Werk zu überreichen.

Freuen sollte es mich übrigens, wenn es Ew. Excellenz gefallen sollte, insofern Sie mit dem Sinne dieser Arbeit einverstanden sind, sich über dieselbe noch einmal öffentlich auszusprechen, da es nicht fehlen wird, daß Widerspruch von den nur an der erstarrten Form Haftenden sich ohnehin hervorthun wird.

Uebrigens darf ich wohl sagen, daß ich es für das glücklichste Ereigniß für mich halte, daß eine Arbeit, die im Einzelnen eine solche Masse von Vergleichungen, scharfen Untersuchungen und wiederholten Betrachtungen erforderte, unter so vielfältigen Anforderungen eines äußerlich bewegten Lebens mit unabänderlicher Festigkeit doch zuletzt zum Abschluß geführt werden konnte. — Die durch meine neuerlich umgeänderten Verhältnisse herbeigeführte Reise betrachte ich sonach recht eigentlich als eine Erholung und ein frisches Einathmen, und bin nur darum nicht ganz damit zufrieden, weil sie den Plan stört, Ihnen noch einmal, und einen längeren, Besuch machen zu können. — — —

Und so wiederhole ich nur noch den Wunsch, daß der Himmel Ew. Excellenz noch lange bei kräftiger Gesundheit erhalten möge!

Mit inniger Hochschätzung
Ew. Excellenz
treuergebener

Dresden d. 21. März 1828.   *Carus.*"

Wie freudig bewegt *Goethe* den Ideen *Carus'* zustimmte, ist seit langem bekannt.

III.

Auch an *Oken* ging ein Freundschaftsexemplar des kostbaren Wirbel-Werkes. (Noch kennen wir leider nicht *Carus'* Begleitbrief.) In der „Historischen Einleitung und Erläuterung des Unternehmens" konnte *Oken* lesen, wie von *Carus Goethe* als der Begründer der wahrhaft philosophischen Anatomie gewürdigt, und wie „die erste, allgemeinere Aufmerksamkeit erregende Anwendung dieser Betrachtungsweise" die Erkenntnis war, „daß der Schädel, ein in der descriptiven Anatomie vom Rückgrath durchaus abweichend erklärtes Gebilde, nichts Anderes, als eine mehr entwickelte Stelle der Wirbelsäule sei, und gleich dem Rückgrath aus Wirbeln bestehe". Und *Oken* mußte weiter folgendes lesen: „Ueber die Priorität dieser Erkenntniß bei einem oder dem andern Forscher, können Zweifel erhoben werden, doch ergibt sich aus dem, was *Goethe* im Jahr 1819 über seine osteologischen Ansichten abdrucken ließ, deutlich, daß ihm auch diese Erkenntniß nicht verborgen geblieben war, und daß namentlich, wie der Kopf nicht bloß aus drei, sondern aus sechs Wirbeln wesentlich gebildet werde, ihm deutlich geworden sei. Auch der treffliche *Bojanus*, einer der wenigen Männer, welche bei tiefer Einsicht in descriptive Anatomie sich den Sinn für philosophische Betrachtung organischer Formen offen erhalten hatten, spricht es aus, daß die erste Auffassung dieser Idee bei *Goethe* anzunehmen sei. Der erste hingegen, der in offenkundiger Schrift, bestimmt im Einzelnen das Vorhandensein von den drei großen Schädelwirbeln aussprach, war ein Mann, der mit großer geistiger Kraft und heller Ansicht über die Reiche der Natur ausgerüstet, auch so vielfältige andere Beziehungen früher als die meisten seiner Zeitgenossen, mit der Sicherheit des Genie's erfasst hat: es war *Oken* in seinem Programm über die Bedeutung der Schädelknochen, Bamberg [!] 1807. Es ist äusserst interessant, zu lesen, wie *Oken* über die Zeit und die Umstände, unter welchen er zur ersten Erfassung dieser Erkenntniss gelangte, sich ausspricht . . ."

Möglich, daß *Oken* durch diese Sätze *Carus'* angeregt wurde, auf der Berliner Naturforscher-Versammlung am 20. September 1828 einen Vortrag „Über das Zahlengesetz in den Wirbeln des Menschen" zu halten. Denn in diesem Vortrag[6] richtet er sich

---

[6] *Lorenz Oken*, Ueber das Zahlengesetz in den Wirbeln des Menschen. In: (Okens) Isis, 22 (1829) Sp. 306—312. — U. a. heißt es hier: „Obschon diese Entdeckung 10 Jahre lang angefochten, selbst belacht und geschmäht wurde, so ist sie gegenwärtig doch nicht nur allgemein anerkannt; sondern man hat

wiederum scharf gegen *Goethe*s Prioritäts-Ansprüche. Freilich ohne dessen Namen zu nennen, wie er es gleicherweise schon im Jahre 1818 getan, als er die Geschichte *seiner* Ideenkonzeption erzählt und mit der auf *Goethe* gemünzten Apostrophe geschlossen hatte: „Mögen nun auch *andere* die der *ihrigen* erzählen"[7].

Carus gegenüber hielt *Oken* jedoch nicht zurück. Seinem Dank- und Antwortbrief an *Carus* vom 28. Dezember 1828, den ich früher abdruckte, fügte er folgendes hinzu[8]:

„Bald hätte ich vergessen, Ihnen einiges wegen *Göthe* zu schreiben. Ich weiß nicht, warum Sie so willfährig ihm die Entdeckung der Wirbel zuschreiben. Warum, wenn ihm diese Idee so einleuchtend war, hatte er dann geschwiegen, so lange man über meine ‚Bedeutung des Schädels‘ schimpfte und lachte? Erst nachdem diese Lehre plötzlich Beyfall fand durch Sie, *Meckel*[9], *Bojanus*[10] etc., erst nachdem er gesehen, daß ich die Sache durchgeführt hatte, wurde er lüstern nach dieser Lehre; also erst 10 Jahre nach dem Erscheinen meiner Schrift fand er die Idee gut und fand er es gut zu thun, als wenn diese Idee ihm gehörte. Wenn er schon in den 80ger Jahren die Sache entdeckte, wie kommt es doch, daß er um den Anfang dieses Jahrhunderts, was ich nun erfahren habe, noch nichts davon

sich sogar, wie bey allen Entdeckungen, bemüht, dieselbe in alten Büchern nachzuweisen; ja es gab welche, die sie schon lange wollten gemacht haben, wobey man sich nur wundern muß, daß sie eine Lehre, nach der sie nun so lüstern sind, wenn sie ihren Werth erkannten, nicht sogleich bekannt gemacht, und warum sie ein tiefes Stillschweigen so lange beobachtet haben, als sie noch durchzufechten war."

[7] (Okens) Isis, 1818 Bd. 1, Sp. 510—512.

[8] Sächs. Landesbibliothek Dresden: *Mscr. Dresd. h 45,* Bd. V Nr. 7.

[9] *Joh. Friedr. Meckel* (jun., 1781—1833) hatte sich zwar in seinen „Beiträgen zur vergleichenden Anatomie" Bd. II (Leipzig 1812) S. 78 für das Vorhandensein der Wirbelbildung im Schädel ausgesprochen. Aber in seinem „System der vergl. Anatomie" (Halle 1821—33) ging er dann mit drei nichtssagenden Zeilen darüber hinweg (II 2, 1825, S. 475). *Meckel* war überhaupt Vertreter der deskriptiven Richtung. Als *Carus* in den (Berliner) Jahrbüchern für wissenschaftliche Kritik 1829, Bd. 1, Sp. 725—728 *Meckels* „System" rezensierte, bemängelte er bei aller Anerkennung des sachlich Geleisteten („Repertorium von Formbeschreibungen") das Fehlen „philosophischer Deutung der Organismen", die (wie er es auch ausdrückt) „blos materialistische Tendenz".

[10] *Ludwig Heinrich von Bojanus* (1776—1827) hatte von Wilna aus an *Oken* den „Versuch einer Deutung der Knochen im Kopfe der Fische" geschickt (abgedruckt in: Okens Isis, 1818 Bd. 1, Sp. 498—510), in der übrigens die leidige Prioritätsfrage vornehm geschlichtet war. Doch *Oken* schwieg hierzu nicht und apostrophierte den „anderen", d. h. *Goethe* (ebenda, Sp. 510 bis 512). — Ein Jahr später erschien *Bojanus'* „Weiterer Beytrag zur Deutung der Schädel-Knochen. Ein Schreiben an den Herausgeber der Isis. 2. Juli 1819" (ebenda, 1819 Bd. 2, Sp. 1360—1368).

wußte, als er seinen Bekannten in Jena seine Ansichten über das Knochen-
system mittheilte, Ansichten, die in seinen kleinen Schriften abgedruckt sind
und die doch recht hinlänglich durch ihren Inhalt beweisen, daß niemand
ferner als er von der Idee der Wirbel gewesen. Meine Schrift habe ich bekanntlich in Göttingen geschrieben, ehe ich nach Jena kam. Wie kams,
daß *Göthe*, als er meine Schrift erhielt, die Sache nicht aussprach, daß er
sie schon vor 20 Jahren gefunden hätte? Umgekehrt diente diese kleine
Schrift vielmehr dazu mich damals (1807) bey ihm zu empfehlen. Doch
diese Sache ist zu kindisch und mir an sich zu gleichgültig, als daß ich
soviel davon reden sollte. Ob ich diese Entdeckung habe oder nicht, kann
mir gleichgiltig seyn; allein daß *Göthe* thut, als hätte er sie nicht nur auch
gemacht, sondern als wenn ich ein Mensch wäre, der dergleichen zu stehlen
nöthig hätte, das ist es, was mich empört. Und doch kann ich dazu nichts
sagen: denn wie soll ich behaupten, daß er auf dem Kirchhof zu Venedig
den Schafskopf nicht so gesehen habe, wie er erzählt? Ich kann ja nicht
beweisen, daß er lüge. Wenn man es auch glaubte, so würde man es mir
doch übel nehmen, daß ich nicht zugeben wollte, daß der große *Göthe*
alles in der Welt entdeckt habe. Mag es also seyn! Ich kann diese Entdeckung preis geben jedem, der darnach lüstern ist."

IV.

Wie war die Wirkung dieser Apostrophe auf *Carus*? Längst
schon kennen wir *Carus'* Antwort an *Oken*[11]:

„Hochgeehrter Freund!

Ihr Brief hat mir die Theilnahme, mit welcher Sie die in meinem Werke
von den Urtheilen der Knochen dargelegten Bestrebungen anerkennen,
bewährt und ich danke Ihnen dafür herzlich. Wie sehr würde es mich
freuen, wenn Sie eine ausführliche Anzeige desselben Ihrer neuen Literatur-
zeitung bestimmen wollten[12]; denn jahrelanger Fleiß, den ich darauf verwendet, giebt mir vielleicht einigen Anspruch, dergleichen zu hoffen.

Was Ihre Nachschrift über *Göthe*-Priorität anbelangt, so konnte ich mich
natürlich bei meiner geschichtlichen Darstellung nur an Gedrucktes halten,
aus welchem die Sache sich so darstellt, wie ich sie gebe. Sollte *Göthe* wirklich eine Unwahrheit gesagt haben, um sich den Ruhm dieser Idee zu-
zueignen? Uebrigens daß alle öffentliche Anregung von Ihnen zuerst aus-
gegangen ist, glaube ich entschieden nachgewiesen zu haben.

Mit aller Hochachtung und Freundschaft

Ihr

Dresden, 20. Januar 1829. *Carus*."

---

[11] *Alexander Ecker*, Lorenz Oken. Eine biographische Skizze (Stuttgart
1880) S. 172.

[12] *Okens* Rezension erschien nicht, wie er selbst *Carus* mitgeteilt hatte,
in der geplanten Literatur-Zeitung der Münchener Akademie [„Gelehrte
Anzeigen . . ." 1835 ff.], sondern alsbald in der Isis, 22 (1829) Sp. 552
bis 554. Das wichtigste hieraus habe ich a. a. O. (vgl. oben S. 119 Anm. 5)
S. 212 abgedruckt.

Wir wissen nicht, wie *Oken* diese ruhig-sachliche und für *Goethe*s Ehre eintretende Entgegnung aufgenommen hat. Hätte er *Carus'* populäre „Grundzüge der vergleichenden Anatomie und Physiologie" (Dresden 1828) aus dem Anfang des Jahres[13] gekannt, dann wäre er wohl eher erfreut gewesen. Denn hier, wo äußerste Kürze geboten war, heißt es (II, S. 19f. Anm.*): „Die Ehre eine so wichtige Entdeckung als die der 3 Schädelwirbel gemacht zu haben, gebührt ohnstreitig *Oken*, welcher in seinem Programm von Bedeutung der Schädelknochen, Jena 1807, zuerst durch die Darlegung des Schädels als Wirbelsäule, eine wahrhaft wissenschaftliche und philosophische Betrachtung des Knochensystems begründet hat."

Carus hat sich durch *Oken*s Postscript auch für die Zukunft nicht beirren lassen. Als er ein halbes Jahrzehnt später eine Neuauflage seines „Lehrbuches der vergleichenden Zootomie" vom Jahre 1818 herausgab, schreibt er dort (Leipzig 1834, I, S. 222f.)[14] davon, welch lange Zeit vergehen mußte, „bevor ein so glückliches Aperçu [wie die Schädelwirbel-Metamorphose] sich hervorthat", und es sei „sehr merkwürdig, die Geschichte dieses Gewahrwerdens zu beachten": „*Göthe* erkannte, wie man erst später erfahren hat, bereits 1791 an einem Schafsschädel nicht nur die drei eigentlichen Schädelwirbel, sondern auch die drei (Ur-)Wirbel der Antlitzgegend. *Oken* erkannte 1805 am Schädel einer Hirschkuh die drei Schädelwirbel, und sprach sich 1807 öffentlich darüber aus."

Und wie *Carus* hier wegen der literarischen Einzelheiten auf

---

[13] *Carus* schreibt in seinen „Lebenserinnerungen und Denkwürdigkeiten" Bd. II (Leipzig 1865) S. 300 Anm.* hierüber: „Diese Grundzüge . . . waren ein kleines Werk und Theil einer wissenschaftlichen Taschenbibliothek, ein Büchlein, welches ich nur auf lebhaftes Drängen des Verlegers noch vor meiner italienischen Reise, und zwar geradezu dictirend verfaßt hatte. Neuerlich (1864) sollte davon in Leipzig eine neue vervollständigte und verbesserte Ausgabe gemacht werden, zu einer Zeit, wo ich das Ganze längst vergessen glaubte und auch selbst die neue Bearbeitung nicht hätte übernehmen können; es schien doch, man hatte gefühlt, daß es in dieser Wissenschaft sehr an einem Buche fehle, welches in präciser, lebendiger Form die großen Beziehungen der Formenentwickelung festhalte und dadurch das Geisttödtende blos descriptiver Anatomie vermeide. Vielleicht wirkt es also einst in dieser Richtung auch fernerhin weiter." — Diese Neubearbeitung kam aber nicht zustande. Die darwinistische Strömung schwemmte *Carus'* Hoffnung vorbei.

[14] In der 1. Aufl. seines „Lehrbuchs der Zootomie" (Leipzig 1818) S. 164 Anm.* hatte *Carus* nur geschrieben: „*Dumeril, Oken, Authenrieth* [lies *Autenrieth*] sind es vorzüglich, welche auf die Bedeutung des Schädels als Wirbelsäule aufmerksam machten."

seine historische Darlegung vom Jahre 1828 verweist, so auch noch in der allerletzten Arbeit aus seiner Feder, in seinem Nekrolog auf *Carl Fr. Ph. von Martius* vom Februar des Jahres 1869[15], wo er über das Schicksal der Idee der Spiraltendenz schreibt: „auch mit dieser Idee, dürfen wir sagen, ist es gegangen, wie es *Oken* ging, mit dem Ansprechen des Schädelbaues als Wirbelsäule. Auch dieser Gedanke lag nun einmal gleichsam vorbereitet in der Luft und kam dann nothwendig, und zwar in mehreren Köpfen fast gleichzeitig, zum Aussprechen."

V.

So hat *Carl Gustav Carus* — zwischen den beiden Polen *Goethe* und *Oken* stehend, und von beiden angezogen und beeinflußt — stets gerecht geschieden zwischen der publizistischen Priorität *Oken*s und der rein zeitlich älteren Konzeptionspriorität *Goethe*s.

Carus hat wohl in den dreißiger und vierziger Jahren die ungleich heftigeren Ausbrüche *Oken*s gegen gewisse *Goethe*-Verherrlicher gelesen, die ihn des glatten Plagiats beschuldigten. Er, der am besten beurteilen konnte, wie *Oken* hier wirklich Unrecht geschah, griff nicht öffentlich ein. Ihm lag die Polemik nicht. *Carus* hatte auch, wie er später schrieb[16], schon ums Jahr 1830 genug Gelegenheit, sich „in der Resignation zu üben".

Die *Oken-Goethe*sche Idee der Wirbelmetamorphose blieb nicht ohne Wirkung. Durch *Richard Owen*s Werk „On the Archetype and the Homologies of the Vertebrate Skeleton" (London 1848) erhielt sie die gründlichste Durchbildung. *J. V. Carus'* „System der thierischen Morphologie" (Leipzig 1853) und *H. G. Bronn*s „Morphologische Studien über die Gestaltungsgesetze der Naturkörper" (Leipzig u. Heidelberg 1858) halfen sie dann in dieser Gestalt verbreiten, wie auch andere Hochschullehrer im Kolleg — so *L. Rütimeyer* in Basel und *H. A. Pagenstecher* in Heidelberg — diese „Wirbeltheorie" als „die höchste Blüte der vergleichenden Anatomie" vortrugen[17].

---

[15] Erinnerung von *C. G. Carus* an Carl Friedrich Philipp von Martius. In: Leopoldina, 6 (Dresden 1867—71) Nr. 12 [Febr. 1869] S. 103—112, bes. S. 105.

[16] *Carus*, Lebenserinnerungen, II, S. 315.

[17] Autobiographisch berichtet von dem Dresdner zoologischen Extraordinarius [*Benjamin*] *Vetter* [1848—1893] in seinem ziemlich unbekannt gebliebenen Vortrag: Geschichte und gegenwärtiger Stand der Schädelwirbeltheorie, in: Sitzgsber. naturwiss. Ges. Isis in Dresden, 1874 (Dresden 1874) S. 22—31.

Aber schon hatte sich bei den Biologen ein Wandel der geistigen Gesamthaltung angebahnt. Die aufblühende vergleichende Entwicklungsgeschichte und der rasch siegende kausal-realhistorische Darwinismus schoben das Problem auf ein ganz anderes Gleis — ein totes Gleis, wie der geschichtliche Ablauf gezeigt hat. Was man vorher ideal-morphologisch gelesen hatte, las man jetzt mit *Ernst Haeckel* real-descendenztheoretisch. Schon in der „Generellen Morphologie der Organismen" (Berlin 1866, I, S. 157 ff.) ward *Goethe* als „der selbständige Begründer der Descendenztheorie in Deutschland" von *Haeckel* usurpiert; und in gleichem Atem wurde auch von *Oken* so gesprochen.

Carl Gegenbaur vor allem war es, der, von den neuen phylogenetischen Gedanken erfüllt, in siebenjähriger Arbeit im Jahre 1872 eine auf dem Selachier-Kopfskelet begründete Wirbeltheorie aufstellte, die im wesentlichen noch zur Stunde in den großen Lehrbüchern ihren Platz hält[18]. Man zitiert hier auch *Oken* und *Goethe*, ohne sich des fundamentalen Unterschiedes zwischen dem Geiste „*Goethischer Morphologie*" und „*Nichtgoethischer Morphologie*" bewußt zu sein[19].

VI.

Carus, der wie *Goethe* die Metamorphose mit den „Augen des Geistes" als eine „*Idee*, die über dem Ganzen waltet", erkannt und für das tierische Skelet wohl am konsequentesten durchdacht hatte, mußte es erleben, daß sein Werk zehnjähriger angestrengter Arbeit bald vergessen wurde.

Zwar waren die zeitgenössischen Rezensionen des Lobes voll. — Der junge Jenaer Extraordinarius *Jonathan Carl Zenker* schrieb[20]: *Carus* habe sich „durch diese Schrift über den Grundtypus der

---

[18] Man vgl. schon *Ernst Gaupp*, Alte Probleme und neuere Arbeiten über den Wirbeltierschädel, in: Ergebnisse d. Anat. u. d. Entwickelungsgesch. 10, 1900 (1901) S. 849—1001; weiterhin auch dessen Abschnitt über „Die Entwicklung des Kopfskelettes" in *O. Hertwigs* Handbuch der vergl. u. experim. Entwickelungslehre der Wirbeltiere, III 2 (Jena 1906).

[19] So schlug *Jul. Schuster* jüngst vor, die idealistischen und die kausalen Morphologien zu benennen; „Idealistische Morphologie als Gegenwartsproblem", in: Sitzgsber. Ges. naturforsch. Freunde Berl. 1928 (Berlin 1929) S. 189—212.

[20] (Hallische) Allgem. Literatur-Zeitung v. J. 1830, Bd. 4 (Erg.-Bl.), Nr. 94—96, Sp. 745—765. — Der Rezensent „J. C. Z." war *Jonathan Carl Zenker* (1799—1837), der von 1823—25 als Student der Chirurg.-medizinischen Akademie in Dresden u. a. auch *Carus* näher getreten war; vgl. Neuer Nekrolog der Deutschen, 15, 1837, II (1839) S. 957—966.

Thiergestaltung eine Stelle in der Literaturgeschichte der Naturwissenschaft errungen, welche sein Andenken für alle Zeiten sichern
wird ... Möge daher der Vf. überall gerechte Anerkennung seiner
Thätigkeit finden, möge er sich an dem fröhlichen Gedeihen der
zarten Pflanze erfreuen, die er so sorgsam pflegte, und noch im
späten Alter die Früchte von den Samen genießen, die er längst
schon streute!" — Der Rezensent der Göttingischen gelehrten Anzeigen [21] schloß seine Besprechung „mit der Ueberzeugung, daß
fortgesetzte Untersuchungen, auf dem von dem Hn. Vf. ein-
geschlagenen Wege, zu neuen und wichtigen Resultate führen
werden". — Der Berliner Medizinprofessor und Botaniker *Carl
Heinrich Schultz* (gen. *Schultzenstein*, 1798—1871) war ebenfalls
mit dem Werke völlig einverstanden [22]. Und so auch andere,
freilich weniger selbständig denkende Rezensenten [23].

Nur *C. A. Rudolphi*, an sich mit *Carus* befreundet, opponierte
öffentlich [24]. Er „schien wahrhaft erschreckt, daß man auf diese
Weise gewisse ideale Schemata und Schemen, wenn er auch deren
Richtigkeit in sich nicht abstreiten konnte, seinen mit Mühe ge-
fertigten wirklichen Skeleten nicht nur gleich-, sondern gewissermaßen voranstellte" [25].

Als *Carus* Anfang der vierziger Jahre eine Schweine-Mißgeburt
beschrieb [26], konnte er einen Hinweis auf die Idee der Wirbel-
Metamorphose als Schlüssel zur Sinndeutung vieler Naturmerk-

---

[21] „*H...st.*" in: Göttingische gelehrte Anzeigen, 1828, Bd 3, St. 188,
S. 1857—1864. — Beginnt mit den Worten: „Unter den Monumenten
deutschen Fleißes und Scharfsinnes gebührt vorliegendem Werke ein sehr
ehrenvoller Platz...."

[22] (Berliner) Jahrbücher für wissenschaftliche Kritik, 1829, Bd. 1, Sp. 63
bis 77.

[23] (Pierers) Allgem. Mediz. Annalen, 1830, Sp. 1450. — Summarium des
Neuesten aus der ges. Medicin, 1828, Bd. 3, S. 429 Nr. 569; 1829, Bd. 3,
S. 566 Nr. 690; 1830, Bd. 3 Abt. 2, S. 540 f. Nr. 216.

[24] Ich habe *Rudolphi*s Rezension, die nach *Carus'* eigener Angabe (vgl.
die folgende Anm.) in den „Berliner kritischen Blättern [der Börsenhalle]"
[1 ff. 1830 ff.] erschienen sein soll, noch nicht einsehen können, da die Zeitschrift auch in der Preuß. Staatsbibliothek zu Berlin nicht vorhanden ist.

[25] *Carus* schrieb dies selbst später in seinen „Lebenserinnerungen" II
(1865) S. 315. — Vgl. dort S. 289 *Humboldt*s anerkennenden Brief vom
15. Juni 1828.

[26] *C. G. Carus*, Entwickelung der Form eines Angesichts auf einem cy-
clopischen Auge. Sehr merkwürdiger Fall einer Mißgeburt. Verh. Kais.
Leop.-Carolin. Akademie d. Naturforscher, Bd. 19 Abt. 2 (Breslau u. Bonn
1842) S. 455—468.

würdigkeiten nicht unterlassen; er meinte: „Mag auch hier und da absichtlich es ignorirt werden, welche sinnvolle und schön gesetzliche Bildung im Kopfgerüst vor unsere Augen gelegt ist, die Wahrheit wird darum in sich unerschüttert bleiben, und nach Jahrhunderten, wenn vieles Andere vergessen ist, wird man noch dankend der Männer gedenken, welchen das große Apperçu zuerst deutlich wurde: ‚der Schädel ist eine Wirbelsäule'. In dergleichen Auffassungen äussern sich, gleichwie in der Idee der Metamorphose überhaupt, die wahren und für alle Zeit bleibenden Epochen der ächten Wissenschaft. Es ist aber ohnfehlbar gut, daß dergleichen in unsern Tagen zuweilen wieder bestimmt ausgesprochen werde, da eine, an sich wieder manches andere Treffliche fördernde, mikrologe Richtung der meisten jetzigen Naturforscher, die Empfänglichkeit für solche großartige allgemeine Erkenntnisse oft seltsam genug vermindert hat."

Noch ahnte *Carus* nicht, wie auf jene „mikrologe" Richtung eine der idealistischen Morphologie ungleich gegensätzlichere Richtung folgen sollte. Resigniert und doch prophetisch bekannte er als Greis beim Niederschreiben seiner „Lebenserinnerungen und Denkwürdigkeiten" (II, 1865, S. 313 ff.): „Ich selbst hatte mir nie davon eine allgemeine bedeutende Wirkung versprochen; der Gegenstand war zu speciell, die Richtung für all die verwickelten Formen des Knochensystems gleichsam die höhere Architektonik auszufinden, war zu eigenthümlich, als daß ich hätte darauf rechnen sollen, viel Theilnehmer zu finden; und doch war damals noch mehr Sinn für dergleichen als ein paar Decennien später, wo mikroskopische Anatomie und Chemie ganz neue Felder aufschlossen, deren Bearbeitung alsbald, und zwar nicht ohne einen gewissen Hochmuth, man von nun an als die einzig würdige Aufgabe der Wissenschaft preisen hörte, gleichsam als ob nicht doch immer all solch palpables Material zuletzt wieder auf den ordnenden philosophischen Sinn warten müßte, wenn es überhaupt jemals ein wahrhaftes und unvergängliches Interesse für den denkenden Geist erhalten soll! — Ich schrieb übrigens schon im Jahre 1830: ‚Freilich, ehe einer in dieser verwickelten, schweren, der Praxis und den Tagesbedürfnissen so fern liegenden Lehre sich wieder so einarbeitet, daß ihm das alles vollkommen vernehmlich wird, was ich dort niedergelegt habe, da wird noch mancher Schnee schmelzen müssen.' Und so ist es denn auch geworden, *das Buch liegt jetzt wie mit sieben Siegeln verschlossen;* aber wenn einmal wieder das Bedürfniß erwacht sein wird, nicht blos an das unmittelbar (wie wir es nennen) von den Sinnen Gebotene sich zu halten, sondern immer zugleich der dahinterliegenden *Idee* zu gedenken, da wird auch diesen Bestrebungen unfehlbar wieder ihr Recht gethan werden."

Die von *Ludwig Klages* und seinem „biozentrisch"-metaphysischen Kreis heraufgeführte naturphilosophische *Neuromantik* — sie hat u. a. durch *Alfred Baeumler* ihre geistesgeschichtliche Kritik und Zurückweisung erfahren müssen[27] — konnte *Carus'* idealistische Morphologie weder recht verstehen, noch geschweige denn wieder lebendig machen. Ob aber jemals ein idealistischer Biologe die „sieben Siegel" von *Carus'* allzu formalistischem Wirbelwerke lösen wird? — — —

---

[27] *Alfred Baeumler*, Gott—Natur. Neubegründung der romantischen Naturphilosophie? In: Dresdner Nachrichten, Jg. 71 Nr. 530 (11. Nov. 1926) S. 17f. (Literar. Umschau).

Johannes Müllers Grundriß der Vorlesungen über Physiologie.

Von Martin Müller, München.

Johannes Müller lehrte vom Sommersemester 1825 bis zum Wintersemester 1832/33 an der Universität Bonn. Von der ungeheuren Arbeitsleistung der sieben Bonner Jahre machen die Vorlesungen einen sehr beträchtlichen Teil aus. *Müller* las über Enzyklopädie und die Methodologie der Medizin, über vergleichende Anatomie, über die Physiologie des Menschen und der Tiere, über allgemeine Pathologie, im letzten Jahre auch noch über Augen- und Ohrenheilkunde. Außerdem hielt er ein lateinisches Repetitorium und Disputatorium über medizinische Gegenstände ab. Eine Vorlesung über die physiologischen Grundsätze der Physiognomik hatte er vorbereitet, konnte sie aber wegen seiner Überarbeitung nicht abhalten. Wie schade, daß sie verloren ist!

Zwei von diesen Vorlesungen scheint *Müller* für besonders wichtig gehalten zu haben, denn er ließ seine Entwürfe dazu durch den Druck festlegen: es sind die Vorlesungen über *Pathologie* und *Physiologie*. Sie tragen den Titel: Grundriß der Vorlesungen über Physiologie (Bonn 1827), und: Grundriß der Vorlesungen über die allgemeine Pathologie (Bonn 1829). Die äußerst selten gewordenen Oktavheftchen waren nach des Verfassers eigener Angabe zunächst nur für die Zuhörer bestimmt, und für diese nur ein Schema, dessen Inhalt in den Vorträgen selbst gegeben werden sollte. Sie enthalten eine genau gegliederte Inhaltsangabe dessen, was *Müller* nach dem in Bonn herrschenden Gebrauch seinen Hörern hätte diktieren müssen[1].

Der Grundriß der Vorlesung über Physiologie hat 102 Seiten. Wenn man sich den Inhalt genauer ansieht, so fragt man sich, ob die dort angegebenen Gegenstände alle in einer Semestervorlesung behandelt werden konnten. Wahrscheinlich hat *Johannes Müller* immer nur eine Auswahl aus dem gewaltigen Stoffe durchgenommen.

In den großen Arbeiten zur Physiologie der Sinne aus der

---

[1] Vgl. *W. Haberling*, Johannes Müller.

Bonner Zeit kann man sehen, wie *Müllers* kräftiger und ungestümer Geist in die Tiefe von Fragen einzudringen imstande war, der Grundriß verrät uns, wie breit und umfassend schon damals seine Überschau über das Gesamtgebiet des Faches gewesen sein muß. Wie er dazu gekommen ist, darüber gibt uns das Literaturverzeichnis des Grundrisses Aufschluß. Es stellt eine Auswahl aus dem vorhandenen Schrifttum dar[2]. In seinem Buch über die Bildungsgeschichte der Genitalien mißbilligt es *Müller*, wenn man mit scheinbar großer Gelehrsamkeit eine Menge von Literatur einem Gegenstande vorausschickt, während man sie doch nicht im geringsten benützt hat; man würde viel besser seine Kenntnisse der Literatur verraten, wenn man aus einer Reihe von Schriften mit Urteil nur diejenigen hervorhöbe, die bewährt und allein des Gedächtnisses wert seien[3].

Was hier *Müller* empfiehlt, hat er ohne Zweifel selber getan, und so sind die aufgezählten Werke Hinweise auf seinen Werdegang.

An erster Stelle werden philosophische Schriften aufgeführt, von *Giordano Bruno* und *Spinoza*, von *Schelling* und *Hegel*, *Platons Timaeus*, Werke von *Schubert* und *Steffens* und *Goethe*. Das älteste physiologische Werk, das er anführt, sind *Hallers* Elementa physiologiae, deren acht Bände er treffend als „den Kodex aller physiologischen Leistungen vor Hallers Zeit" bezeichnet. Es folgen *Blumenbachs* Institutiones Physiologiae, das Lehrbuch, das damals am meisten in den Händen der Studenten war, *Johann Heinrich Autenrieths* Handbuch der empirischen menschlichen Physiologie, mit seiner „vorwaltend chemischen Richtung" und einige andere. Von den Franzosen nennt er die berühmten Nouveaux éléments de la science de l'homme von *Paul-Joseph Barthez*, *Bichats* Anatomie générale und *Cuviers* Leçons d'anatomie comparée, in der Übersetzung von *Meckel*. Viel zahlreicher sind die benutzten Schriften mit besonderen Inhalten. Das Schriftenverzeichnis deckt sich mit dem, das sein Bonner Lehrer *Philipp Franz Walther* seiner Physiologie des Menschen mitgegeben hat. Dem fügt *Müller* dann noch bei: eben dieses Werk *Walthers* und den Grundriß der Physiologie seines Berliner Lehrers *Karl Asmund Rudolphi*[4], ferner *Magendies* Précis élémentaire de Physiologie.

Die Auswahl zeigt, daß *Müller* das Urteil besaß, das er in der Vorrede vom Schriftsteller verlangt, und noch mehr zeigen das die Bemerkungen, die er den einzelnen Buchtiteln beifügt, und die wir

---

[2] Eine vollständige Übersicht über den damaligen Stand physiologischer Veröffentlichungen gibt *Rudolphi*, siehe unten Anm. [4].

[3] Bildungsgeschichte der Genitalien. Düsseldorf 1830. Vorwort.

[4] *Ph. F. v. Walther*, Physiologie des Menschen. 2 Bde. Landshut 1807. *C. A. Rudolphi*, Grundzüge der Physiologie. 2 Bde. Berlin 1821/23.

auch heute noch als nicht unbegründet anerkennen müssen. *Walthers* Buch sei geschrieben „mit philosophischer Durchdringung und großartiger Benutzung der Anatomie, in gleicher Haltung und aus einem Gusse, als Offenbarung der Idee“. Dasjenige *Rudolphis* erscheint ihm „unentbehrlich durch seinen Reichtum an anatomischem, für die Physiologie selbst brauchbarem Material, durchaus kritisch und daher vielleicht ungleich in der Beurteilung des Einzelnen“. An *Magendies* Grundriß tadelt er „die durchaus empirische mechanistische skeptische Richtung, an allem sich reibend, was ausgemacht ist, mit schwindelnder unruhiger Sucht nach dem Neuen, die gesunde Logik für dieses aufopfernd, voll eitler Unwissenheit in dem Vorhergeleisteten, besonders den deutschen Arbeiten, reich an rohem und leichtfertigem Experimentierwesen“.

Diese Urteile, dem Beurteilten nahezu gleichzeitig, und aus einem überlegenen Geiste stammend, sind geschichtliche Zeugnisse und verdienen es, aufbewahrt zu werden.

Den Grundriß hatte *Johannes Müller*, wie schon gesagt, zunächst nur für seine Hörer bestimmt, gleichwohl wünscht er ihm „ein größeres Publikum und besonders die Würdigung seiner Kunstgenossen, welche, bei näherer Einsicht, nicht das Schema nur, sondern eine Übersicht der dogmatischen Entwicklung darin erkennen werden ... Eine solche Arbeit, wenn sie etwas Vollständiges leistet, ist dann auch durch das Bedürfnis vollkommen gerechtfertigt. Wenigstens kennt der Verfasser kein Lehrbuch, welches den Umfang dieser Wissenschaft in durchaus gleicher und vollständiger Bearbeitung und zugleich die bisherigen sowie die noch möglichen und notwendig zu fordernden Leistungen bezeichnete. Der Verfasser legt daher sowohl die Ordnung der Materie als den Inhalt und die Methode gleicher Bearbeitung der Würdigung vor.“

Diese Sätze aus dem Vorwort zeigen, daß der junge Gelehrte doch von weit größeren Ideen getrieben wurde, bewußt oder unbewußt, als eine gute Vorlesung zu schaffen. *Ordnung, Inhalt und Methode* seiner Wissenschaft beschäftigen ihn. Die Frucht dieser inneren geistigen Mühen war später sein Handbuch der Physiologie. Nach und nach wurde er sich dessen auch bewußt, was er sollte. „Ich habe mich“, schreibt er am 5. Oktober 1832 an *Retzius*[5], „zu einer schwierigen, aber vielleicht nützlichen Untersuchung entschlossen, nämlich ein Kompendium der Physiologie zu schreiben, welches den aktuellen Zustand unserer empirischen Kenntnisse ohne vergleichenden anatomischen Luxus darstellen soll. Die

---

[5] S. *Haberling,* op. cit.

Grundlage davon bilden meine Vorlesungen über Physiologie ...
hiermit bin ich unablässig beschäftigt."

Johannes Müller sagt es uns also selber, daß dieses kleine
Heftchen der erste Keim seines großen Handbuches war.

Nach Ordnung, Inhalt und Methode will er *Neues* schaffen.
Gleichwohl bringt der Grundriß den Stoff in derselben Reihenfolge
wie die Physiologie *Walthers*[6]. Während aber *Walther* die einzelnen
Gegenstände in dreißig Kapiteln nacheinander, ohne weitere
Gliederung, vorträgt, ordnet sie *Johannes Müller* in vier Gruppen,
die Physiologie der Reproduktion oder der Bildung und Selbst-
erhaltung, die Physiologie der Irritabilität oder der tierischen
Bewegung, die Physiologie der Sensibilität und die Physiologie der
Zeugung. Dieses kraftvolle Zugreifen ist eine gesunde Frucht
seines Strebens, den großen Stoff philosophisch zu durchdringen.
Ob ihm die Einteilung in einen physikalischen und chemischen Teil
— sie wäre mit seiner Ordnung des Stoffes gut zusammen gegangen
— in den Sinn gekommen sei, läßt sich nicht sagen; seine vita-
listische Denkweise hätte sie aber sicher abgelehnt.

Im Handbuch werden diese vier Abschnitte wieder aufgelöst,
die Reihenfolge der Gegenstände jedoch, die von *Walther* stammt,
abermals beibehalten. Diese gerade Verbindungslinie zwischen den
Hauptwerken von Lehrer und Schüler ist gewiß beachtenswert.

Für die Methode ist das eine aus dem Grundriß zu entnehmen,
daß die Entwicklungsgeschichte weitgehend in den Dienst der
Physiologie gestellt werden sollte. Im Handbuch sind diese breiten
entwicklungsgeschichtlichen Grundlegungen ziemlich unterdrückt.

Dagegen ist die weite aristotelische Überschau, von den ersten
Äußerungen der organisierten Materie bis zu den letzten Erscheinungen des Seelenlebens, beibehalten; denn das war ja ein Stück von
der Eigenart des großen Forschers.

Die Bedeutung des seltenen kleinen Büchleins, das wir betrachtet haben, ist also dreifach: Zunächst gibt es uns einen Einblick in die Lehrtätigkeit des jungen Bonner Dozenten, ferner
enthüllt es die ersten Wachstumsphasen des großen Handbuches
der Physiologie, der ersten nach *Haller* wieder epochemachenden
Darstellung dieser Wissenschaft, im Geiste ihres Schöpfers, endlich
zeigt es uns, was ein großer Lehrer auch für einen noch größeren
Schüler bedeutet.

---

[6] *Rudolphis* Grundriß zerfällt in zwei Hauptteile, die allgemeine und
besondere Physiologie, der allgemeine Teil wiederum in Anthropologie,
Anthropotomie, Anthropochemie und Zoonomie, der besondere Teil in ein
Kapitel über Empfindung und eines über die Muskeltätigkeit. *Müller* hat
sich von dieser Einteilung nicht beeinflussen lassen.

Der erste Choleraeinbruch in Österreich.
Nach Akten der Wiener medizinischen Fakultät
aus den Jahren 1831 und 1832.
Von I. Fischer, Wien.

Die schrecklichen Pestzüge der vergangenen Jahrhunderte
waren noch nicht vergessen, die Wunden, die die blutigen napoleo-
nischen Kriege geschlagen hatten, noch nicht verheilt, der Banko-
zettelkrach vom Jahre 1811 kaum verschmerzt, als ein neues Unheil
von den Ostgrenzen der Monarchie her drohend sein Haupt erhob,
Furcht und Schrecken im Lande verbreitete. Aus Rußland waren
die ersten Nachrichten über die dort aufgetretene epidemische,
indische, asiatische oder morgenländische Cholera gekommen. In
Moskau war die Seuche Mitte September 1830 ausgebrochen, und
schon am 15. September dieses Jahres hatte der österreichische
Generalkonsul *Timoni* aus Odessa gemeldet, daß einige neuerliche
Krankheitsfälle veranlaßt hätten, mehrere Häuser wieder zu zer-
nieren. „Die Meinungen der Ärzte über solche zweifelhaften Fälle
sind noch immer geteilt, der größere Teil, darunter alle fremd-
ländischen Ärzte, geben zu, daß einige dieser Fälle Symptome des
Cholera morbus haben; allein sie leugnen, das Dasein dieser Krankheit als Epidemie zu erkennen, indem sie anführen, daß in allen
Hospitälern aller Länder es jederzeit einzelne Fälle des Cholera
morbus gebe, daß diese Krankheit aber um sich greifen und viele
Individuen ergreifen müßte, wenn sie als Epidemie bestände."
Jedenfalls war die österreichische Regierung gewarnt, und sie tat
das, was man nach den damaligen Anschauungen für das beste
hielt, sie ordnete Grenzkordons und Quarantänen an und organisierte in den bedrohten Provinzen einen verschärften Sanitätsdienst.
Wie überall, erwiesen sich aber die Grenzabsperrungen als nutzlos,
und ein umfangreiches Konvolut der vorliegenden Akten[1], eine
vom mährisch-schlesischen Gubernium angestellte Untersuchung
betreffend, beschäftigt sich mit der Frage, ob die im Rücken des
Solakordons (Sola ein Nebenfluß der Weichsel) schon in der Mitte des

---

[1] Besitz des Wiener medizinischen Kollegiums, derzeit im Archiv der
Gesellschaft der Ärzte in Wien.

August 1831 vorgekommenen Sterbefälle, die von den Sanitäts-
personen („Sanitätsindividuen" heißt es im Originale) als spora-
dische Cholera erklärt worden waren, nicht schon die epidemische
Brechruhr gewesen seien. Die Angelegenheit war für die Regierung
von Bedeutung, weil, wie sie ausführt, eine frühere Auflösung des
Kordons eine bedeutende Ersparnis, eine größere Schonung des
Militärs und eine frühere Befreiung von den hemmenden Sperr-
maßregeln bedeutet hätte.

Österreich verfügte um diese Zeit bereits über ein wohlgeord-
netes Sanitätswesen mit Protomedici, Kreis- und Distriktsärzten;
als höchste Instanz galt aber die Wiener medizinische Fakultät,
und aus der Fülle von Akten der Jahre 1831 und 32 können wir
den innigen Kontakt ersehen, den sowohl Hof- als Staatskanzlei
mit dieser Fakultät unterhielten. Ja, die von ihr verlangten Gutachten häuften sich in einer Weise, daß die insbesondere während
der Cholera in Wien gewiß nicht wenig überlasteten Professoren
dagegen remonstrierten, sich über jedes vorgeschlagene lächerliche
Heilmittel äußern zu sollen, wogegen ein Hofkanzleidekret vom
20. April 1832 entschied: „Da nach den bestehenden Vorschriften
die medizinische Fakultät als oberste Kunstbehörde zur Beurteilung
aller literarischen Produkte im Gebiete der Arzneiwissenschaft
berufen ist, so kann dieselbe auch von der Prüfung und Vergut-
achtung der in Cholerasachen einlangenden Schriften nicht enthoben
werden." So erhält die Fakultät alle von den ausländischen Missionen des Reiches und von den verschiedenen Landesregierungen
einlangenden Mitteilungen, alle der Regierung vorgelegten Druckschriften über Cholera, die dieser übermittelten Vorschläge betreffs
Heilverfahren gegen die Krankheit, die von der Fakultät eingehend begutachtet und auf ihren Wert geprüft werden mußten.

Bevor noch die Epidemie im Lande selbst ausgebrochen war,
ging auf dem Wege des galizischen Landes-Guberniums ein Bericht
aus Rußland ein, der nicht nur das charakteristische Bild der
Cholera gab: plötzliche Erkrankung, öfteres Erbrechen mit Galle,
Abweichen, Schmerzen im Magen, unersättlicher Durst, einge-
fallenes Gesicht, die Lippen blau, die Zunge mit gelbem Schleime
überzogen, die Extremitäten kalt, schmerzhafter Krampf in den-
selben, der Puls fast unfühlbar, außerordentlich große Entkräftung
und ungewöhnliche Angst, sondern wir erhalten auch statistische
Angaben aus den ersten Wochen der in Moskau ausgebrochenen
Epidemie. *Georg Sticker* entwirft uns in seinem klassischen Werke
von der Cholera das Bild der russischen Staatstherapie vom Jahre
1823; hier wird als die in Rußland gebräuchliche Behandlungsart
die mittels Essig-Dampfbäder genannt, zugleich vor dem Gebrauch

von Abführmitteln, von Guajak-Infus und vor dem Genuß des Kaviars gewarnt. Es folgt auch ein Auszug aus dem Briefe, den der Leibmedikus *J. Christian v. Loder* unter dem 16. Oktober 1830 aus Moskau an die Petersburger Zeitung gerichtet hat. Als wohltätig erwiesen sich die Errichtung von Spitälern, Reinigung der Gassen und Wohnungen, Unterstützung der Dürftigen, schnelle ärztliche Hilfe und Absonderung eng beisammen wohnender Familien. Auch des Auftretens der Krankheit bei den Haustieren, insbesondere aber bei den Vögeln und Hühnern, wird Erwähnung getan, eine Angelegenheit, mit der sich später (Januar 1834) Professor *v. Hildenbrand* auf Grund der aus Österreich eingelangten Berichte eingehend beschäftigt hat. Dasselbe Gubernium übermittelt auch Übersetzungen aus einem russischen Werk über Cholera.

Dann treffen die Berichte aus den Kreisämtern des zunächst betroffenen Landes Galizien ein. Aus der Fülle dieser Berichte, die nicht nur statistische Angaben über die Erkrankungen und die Mortalität, sondern auch über die vermeintlichen Ursachen der Krankheit, ihre Verbreitungswege und die ortsüblichen Behandlungsmethoden bringen, können nur einzelne Bemerkungen hervorgehoben werden. So heißt es in einem Berichte des Przemysler Kreisamtes: „Nachdem nach und nach alle längs der Hauptstraße gelegenen Orte von der Krankheit befallen waren, fing selbe an, sich rechts und links auszubreiten. Die von der Hauptstraße am meisten entlegenen Ortschaften wurden am wenigsten befallen. Am fürchterlichsten wütete das Übel in dem höchst unreinen, von Juden bewohnten Teile der Stadt Przemisl. Alle Kontumaz- und Sperranstalten zeigten sich als höchst nachteilig, und es war ein Glück, daß selbe nicht mit solcher Strenge ausgeführt wurden, als vorgeschrieben war." Aus einem Berichte des Samborer Kreises erfahren wir, daß die Cholera gerade in den höheren gebirgigen Gegenden viel stärker gewütet hat als in der Ebene, wozu der Referent bemerkt: „Hierdurch erleidet wenigstens die Hypothese vom Sumpfmiasma und von dem Schleichen der Cholera längs der Meeresküste und Flußgebiete einen gewaltigen Stoß." Bezüglich des 239 Folioseiten starken Berichtes aus dem Zloczower Kreise meint der Begutachter, daß nur durch solche umfassende Rapporte — abgesehen von individuellen und wohl nicht immer ganz richtigen Ansichten in bezug auf die Entstehung und Behandlungsweise — man in die Lage versetzt werde, mit gehöriger Sichtung eine erschöpfende historisch-statistische Darstellung der Choleraseuche im ganzen Lande zu verfassen. Der Kreisphysikus des Kreises Bochnia erklärt die Entstehung der Cholera durch Sauerstoffmangel der Luft, wozu der Referent bemerkt, daß diese Ansicht bereits durch eudiometrische Versuche widerlegt worden sei. Hier hätten wiederholte Pöllerschüsse die Zahl der Erkrankungen vermindert. Die Landesstelle in Brünn (Mähren) meldet: „Beobachtungen über die schnelleren Ausbrüche in Orten und Häusern, die tiefer lagen als andere, der Feuchtigkeit mehr zugänglich sind, hat man auch hierorts und hierlandes gemacht, allein das Gegenteil nicht bewährt aufgefunden, denn eben auch nicht minder rasch fortschreitend ergriff das Übel höher und trocken gelegene Häuser und Ortschaften."

Die auswärtigen diplomatischen Missionen berichten über die Vorbeugungsmaßnahmen, die in den betreffenden Staaten getroffen wurden. Wir finden einen Bericht der Zentral-Sanitätskommission zu London über den Umfang der Quarantänemaßregeln gegen die epidemische Brechruhr, die Instruktion der königlich preußischen Immediatkommission, einen Bericht des schwedischen Ministeriums über die zur Verhütung und Einschleppung der Cholera ergriffenen Maßnahmen, eine Abschrift der vom russischen Gesandten zu Kopenhagen an den königlich dänischen Staatsminister erlassenen Note, worin „einige Beobachtungen über die Eigenschaften der Choleraepidemie" vorkommen. Besonders scharf gegen den kontagionistischen Standpunkt wendet sich *Franz v. Hildenbrand*, dem als Professor der inneren Medizin neben *Knolz* und *Bernt* die meisten Cholerareferate zugewiesen waren, bei der Begutachtung der preußischen Instruktionen. Er vertritt hier wie an vielen anderen Stellen unablässig den Standpunkt der Wiener Schule, wie er schon am Ende des 18. Jahrhunderts bezüglich der Pest von *Stoll* und namentlich von *Ferro* formuliert worden war, ein Standpunkt, der auch nach der Entdeckung des Choleraerregers durch *Koch* keineswegs völlig erschüttert worden ist.

Die Landespräsidien der noch nicht von der Cholera betroffenen Kronländer übersendeten die Instruktionen, die von ihnen erlassen werden sollten, an die Hofkanzlei, die sie wieder der Wiener medizinischen Fakultät zur Begutachtung überwies. In dem Entwurf der oberösterreichischen Landesregierung bemängelte *Hildenbrand* unter anderem auch den Gebrauch der Bezeichnung „morgenländische" Brechruhr, da dieser Name auf eine aus dem Morgenlande eingeschleppte Krankheit hindeute und daher auf die Annahme eines durch Ansteckung verbreiteten Übels anspiele. Bei der steiermärkischen Instruktion tadelte der Referent, daß es heiße, die gegenwärtige Schrift habe die Absicht, die gemeine Bürgerklasse und den Landmann in den Stand zu setzen, seine allfällig von der Cholerakrankheit befallenen Angehörigen zweckmäßig zu *behandeln*, ferner die Vorschrift, daß im Krankenzimmer

die Fenster niemals geöffnet werden sollen usw. In der Begutachtung von zwei Tiroler Erlässen heißt es, daß die diesfalls vor-
geschriebenen Paßnormalien, die Zernierungen der befallenen Städte,
Ortschaften und Häuser, die besonders aufgestellten Sanitäts-
kommissionen sowie alles auf das Paßreglement Bezugnehmende
nicht nur unnütze, sondern auch äußerst nachteilige, die Furcht
und Angst der Bewohner aufregende, die Entstehung und Verbreitung der Cholera nur begünstigende und vermehrende Vorkeh-
rungen seien, Wahrnehmungen, die unserem verehrten Meister
Sticker gewiß aus der Seele gesprochen sind (l. c. S. 301). An der
vom Gubernium zu Venedig vorgeschlagenen Instruktion hat die
Fakultät nicht nur die Empfehlung des Pechpflasters auf die
Magengegend, des täglichen Kauens aromatischer Wurzeln und
Rinden, der täglichen Waschungen mit warmem Wein und aro-
matischen Wurzeln auszusetzen, sondern sie rügt auch die
„schreckenerregende Warnung, sich dem Munde und Hauche des
Kranken nicht zu nähern und dessen Haut nicht mit bloßen Händen
zu berühren." Im Widerspruch mit diesen Vorschriften steht aber
die Bemerkung der Instruktion, daß Gott jedem seine Lebensdauer
bestimmt habe, die, wie die Fakultät bemerkt, auf türkischem
Fatalismus beruhe und gewiß nicht geeignet sei, dem Volke Zu-
trauen in die ärztliche Hilfe einzuflößen, die nach dem Grundsatz
der Prädestination immer überflüssig sein würde.

Landesverwaltungen, wie die von Illyrien, Venezien und der
Lombardei, entsandten Ärzte zum Studium der Cholera nach Wien
und nach den östlichen Provinzen; es wurden die in Druck gelegten
Berichte dieser Ärzte dann ebenfalls der Fakultät zur Begutachtung
überwiesen, die sich mitunter recht scharf über die niedergelegten
Ansichten aussprach.

Verhältnismäßig wenig hören wir von der Seuche in Wien selbst.
Wir finden einen Erlaß der niederösterreichischen Landesregierung,
die in Wien ansässigen Ärzte zur Choleradienstleistung aufzurufen,
ferner einen Erlaß, der die Anzeigepflicht auch der Privatkranken
betont, schließlich ein der Fakultät mitgeteiltes allerhöchstes
Kabinettsschreiben, das „zu befehlen geruht", allen Ärzten und
Wundärzten, jedoch ohne öffentliche Bekanntmachung zu verbieten,
daß sie zu einem Kranken gerufen oder entsendet, von welchem sie
glauben, daß er mit Cholera behaftet sei, bei dem Kranken, bei dessen
Umgebung oder bei was für anderen Menschen das Wort Cholera,
Brechdurchfall oder Brechruhr aussprechen, sondern sie sollen die
Krankheit mit einer anderen schicklichen Benennung, auf welche
einige Zufälle hindeuten, bezeichnen, die Berichte an die Behörden
jedoch nach ihrer inneren Überzeugung erstatten und dieser gemäß

auch alle erforderlichen Anordnungen treffen und das Nötige vornehmen."

Die Mehrzahl der Aktenstücke betrifft aber die von der Fakultät veranlaßte Begutachtung von Druckschriften (Büchern, Zeitungsartikeln, Flugblättern), die sich auf die Cholera und namentlich auf die gegen sie empfohlene Heilverfahren bezogen. Schon in dem Gutachten über die Broschüre eines Dr. *Seubert* aus Mainz, die die Verwendung der Arnica empfiehlt, wird der später noch oftmals betonte Standpunkt vertreten, daß jedes Heilmittel, das gegen irgendeine epidemische Krankheit und somit auch gegen die Cholera, die unter so mannigfachen Abweichungen und Nuancierungen auftritt, als ein unbedingtes, spezifisches, untrügliches Schutz- und Heilmittel empfohlen wird, das Gepräge der Unwissenheit und der Charlatanerie an sich trage. — Das Gutachten über zwei an den Kaiser selbst gerichtete Bücher des Dr. *Brassier* aus Straßburg fehlt in den Akten. Bei der Prüfung des Werkes des hannoverischen Leibchirurgen *Holscher* wendet sich der Referent gegen die angenommene ansteckende Natur der Cholera, da den vermeintlichen Beweisgründen des Verfassers ebenso viele und noch kräftigere entgegengestellt werden könnten, die das Gegenteil zu bestätigen imstande sind; was aber *Holschers* Therapie betrifft, meint er, daß sie wohl von dem richtigen Standpunkte ausgehe, daß es bei der Cholera keine spezifische und bestimmte Behandlung geben könne, daß der Autor aber in den entgegengesetzten Fehler verfalle, nämlich jedes Symptom herauszuheben und auf diese Art superindividualisieren zu wollen, wodurch die von ihm angegebene Heilmethode keine rationelle, von bestimmten Hauptanzeigen ausgehende, sondern eine größtenteils symptomatische und verworrene geworden sei. — Abfällig werden auch die vom Tiroler Gubernium eingesandten Druckschriften beurteilt, und zwar eine zu München gedruckte Broschüre „Belehrung über die orientalische Cholera für Nichtärzte", eine Vorschrift für die Aufstellung und den Unterricht für Krankenwärter zur Pflege der Cholerakranken, ein Verzeichnis der Arzneikörper, womit sich die Apotheker beizeiten zu versehen haben, und ein Bulletin der Eidgenössischen Sanitätskommission. — Ein weiteres Gutachten wird über die 1831 in Nürnberg erschienene Schrift *Oertels* „Victoria! Kaltwasser hat die Cholera besiegt" (*Sticker* l. c., S. 502) abgegeben, von der der Referent einleitend sagt: „Da wir in Zeiten leben, wo auch im medizinischen Fache soviel von der bloßen Meinung abgeurteilt wird und sowohl die wichtigsten als die geringfügigsten Dinge bald zur Mode werden und bald wieder aus der Mode kommen, so ist es nicht zu verwundern, daß auch Dr. *Oertels* emphatisches Lob des kalten Wassers gegen die Cholera viele Ärzte zur Anwendung dieses seinem Ursprunge nach persischen Heilmittels bestimmte. — Dr. *Siemerling* in Stralsund vertritt in seinem Buch „Die Einschleppung der Cholera", Hamburg 1831, die, wie *Hildenbrand* sagt, uralte Theorie, daß die Cholera durch in der Luft schwebende, unsichtbare Infusionstierchen hervorgerufen werde. „Tierchen, also lebende, nach bestimmten Formen organisierte Körper annehmen zu wollen, die man nie gesehen hat, und sich bloß damit zu entschuldigen, daß die bisher erfundenen Mikroskope zu unkräftig seien, um sie darzustellen, ist und bleibt wohl stets nur ein reines Excogitat, ein eitles Hirngespinst." *Siemerling* schlägt vor: Der Ort, der vor der Cholera geschützt werden soll, wird in der Richtung von Norden nach Süden, auf eine Strecke von $^1/_4$ bis eine deutsche Meile mit einer 12—14 Fuß hohen Wand von Leinwand versehen, die mit Syrup oder Honig zu bestreichen ist, damit die Zuginfusorien, die nie höher als 12 Fuß über der Erde schwärmen, durch diese Lockspeise abgehalten werden und dort kleben bleiben. Die Menschen sollen ihren Kopf mit einem Kreppflor einhüllen, der mit Kampfer oder Terpentinöl zu beschmieren wäre, um die sich andrängenden Tierchen von den Atmungs- und Nahrungsorganen abzuhalten und gleich zu töten. Dieser Schleier darf aber nicht von grüner Farbe sein, damit nicht etwa die unsichtbaren Infusorien, von falschem Instinkte getrieben, das Grün für eine Wiesenfläche halten und zum Sammelplatze wählen. Indem die Tierchen meist während der Tageszeit schwärmen, müssen die Fenster und Türen den ganzen Tag hindurch geschlossen bleiben und nur des Nachts geöffnet werden. Um die Stubentüre hänge man eine mit Terpentinöl bespritzte Wolldecke und stopfe das Schlüsselloch mit in gleichem Öl getauchter Wolle aus. *Hildenbrand* schließt sein Gutachten mit den bekannten *Horaz*schen Worten: Risum teneatis amici! — Die k. k. Botschaft in Paris sendete zwei Artikel ein; der eine stammte von dem pensionierten Professor der Chirurgie *Melchior Harando*, der die Ursache der Cholera in den Emanationen tierischer, in Fäulnis übergehender Körper sieht und als wichtigstes Prophylaktikum die Verbrennung der Leichen und als Hauptmittel gegen die Krankheit die kalzinierte Magnesia empfiehlt, der zweite von dem „Chemisten" *Lieber* in Paris, der zur Heilung der Cholera ein Destillat mit Alcali fluoricum preist. — In dem der Fakultät vorgelegten Büchlein eines Dr. *Ferry* „Mémoire sur la fièvre algide subintrante, dite Cholera morbus" Constantinople 1832, wird die Cholera als ein bösartiges Fieber, als eine febris algida erklärt, entstanden teils aus einem eigentümlichen Zustand der Atmosphäre, teils aus miasmatischen Ausdünstungen; bezüglich der therapeutisch empfohlenen ausgiebigen Blutentziehungen (sehr reichliche Aderlässe, 40 Blutegel in die Magengegend) sagt der Referent: „Eine solche französisch-türkische Behandlungsweise wird selbst jeder Profane zu würdigen wissen. — Zu dem von der k. k. Gesandtschaft in Berlin übersandten Buche des Dr. *Schnitzer*, der für die Kontagiosität der Cholera eintritt, wird bemerkt, daß zur Erörterung und Widerlegung hier nicht der geeignete Ort sei und die Zeiten am besten darüber richten werden und größtenteils schon gerichtet haben. — Das in Berlin erscheinende Cholera-Archiv wurde der Fakultät zum Amtsgebrauch übermittelt. — In einer der Fakultät „zur Wissenschaft" überwiesenen Abschrift eines Artikels einer Münchner Zeitung lesen wir, daß sich in einem Orte bei Magdeburg die Leute ohne Ärzte gegenseitig nach homeopatischen Prinzipien so erfolgreich behandelten, daß von 80 Cholerakranken 60 genasen. — In dem Werke des Pariser Arztes Dr. *Bories*: Du Cholera morbus asiatique et des moyens de s'en préserver, Paris 1832, sieht der Fakultätsbericht „ein erbärmliches, phantastisches Machwerk, welches ein passendes Gegenstück zu so vielen anderen, am Schreibpult ausgeheckten Hirngespinsten über die Cholera liefert". — Dagegen finden wir in dem von der Regierung der Fakultät übersendeten Artikel des Moniteur ottomane vom 3. März 1832 eine Besprechung einer Arbeit von *William Henry*: De la chaleur considerée comme un moyen de désinfection, propre à remplacer la quarantaine, die bereits die Grundlagen unserer heutigen Desinfektionsmethoden enthält. — Fürst *Metternich* übermittelte den Aufsatz einer Münchner Zeitung, der die Erfolge des Kohlenpulvers — alle Stunde 24—30 g — rühmt. — Die Geheime Hof- und Staatskanzlei machte auf eine Mitteilung des „Bairischen Landboten" aufmerksam, in der mehrere Beispiele von Beerdigungen scheintoter Cholerakranker angeführt waren (*Sticker* l. c., S. 340). — Der vormalige französische Resident am großherzoglich badischen Hofe Baron *Massias* übersendete ein Mémoire samt lithographischer Abbildung einer von ihm erfundenen „Masque antiepidemique", die von dem Referenten als eine bloße Nachahmung der Muratorischen Pestlarve oder vielleicht der Saphierschen Parodie, als alberner und lächerlicher Vorschlag bezeichnet wird. — Bezüglich der von Dr. *Kitzera* in Raudnitz behaupteten Identität der Cholera mit dem Frieselausschlag bemerkt *Hildenbrand*, daß schon die Geheimen Räte *von Harleß* und *Wedekind* 1831 die Cholera als einen exanthematischen Prozeß des Darmkanales angesehen hätten, wobei das bei der Cholera nur ausnahmsweise auftretende Exanthem (Purpura cholerica) wohl Veranlassung gewesen wäre, daß aber die hirsekorngroßen Knötchen, die man in den Gedärmen der Choleraleichen finde, mit dem Frieselausschlag bloß das äußere Ansehen gemein hätten, aber sich von ihm dadurch wesentlich unterscheiden, daß sie keine Flüssigkeit enthalten, also keine Blasen bilden, sondern wahrscheinlich nur als geschwollene und aufgelockerte Peyersche und Brunnersche Drüsen betrachtet werden müssen (*Sticker* l. c., S. 452).

Übergroß ist die Zahl der Mittel, die von Ärzten und Laien der Fakultät direkt, der Regierung oder dem kaiserlichen Hof als Schutz- oder Heilmittel empfohlen werden. Ausführlich auf sie einzugehen, verbietet der mir zugewiesene Raum, weshalb sie nur der Reihe nach genannt sein mögen. *Franz Slawik*, Unterarzt am Invalidenhaus zu Pilsen, der, wie der Fakultätsbericht sagt, schon durch den Kontext und die Schreibart seiner Eingabe seine Unwissenheit offenbart, rühmt sein unfehlbares Magenpflaster. — Der Wundarzt *Franz Zappe* bittet um Zuteilung des Rakonitzer Kreises in Böhmen, um dort sein Heilverfahren gegen die Cholera auszuüben. — *Franz Ruzizka* in Groß-Seelowitz (Mähren) preist seinen zur inneren und äußeren Anwendung bestimmten Pestessig. — Die Hofkanzlei unterbreitet die Erhebungen in betreff der von *P. Calasantius Gruber*, Rektor des Piaristen-Kollegiums in Szegedin (Ungarn), angewendeten Heilmethode. — *Joachim Heinrich Rohlfs*, Ökonom bei Hamburg, beruft sich in seinem direkt an den Kaiser gerichteten Schreiben auf seine Erfolge mit der Buttermilch. — Der schon früher genannte *Lieber* aus Paris empfiehlt sein fluid réactif, seine composition pour friction und einen liqueur des cholériques. Auch von dem Mittel der Wißnitzer Juden (*Sticker* l. c., S. 307) ist anläßlich einer für sie erbetenen Auszeichnung die Rede. — *Müller*, Garteninspektor zu Engers (Neuwied, Regierungsbezirk Koblenz), übermittelt ein Rezept von Orangenschalen und Muskatblüten. — Über „allerhöchsten Befehl" wird der Fakultät aufgetragen, sich über das von Freiherrn *Eduard v. Callot* in Penzing empfohlene unfehlbare Mittel zu äußern; es war dies das Chinin. sulf. (*Sticker* l. c., S. 499). — Das Opium als Heilmittel in allen Stadien der Cholera taucht wieder in der von Dr. *Peyerl* in Wien empfohlenen Heilmethode auf (*Sticker* l. c., S. 497). Um es kurz zu fassen, sei nur gesagt, daß die gutachtlichen Äußerungen der Fakultät immer wieder betonen, daß es ein spezifisches oder Universalmittel gegen die Cholera nicht gebe, daß der rationelle Arzt seine Mittel stets den Verschiedenheiten des Charakters und des Grades der Krankheit, den individuellen Verhältnissen des Kranken und den eventuellen Komplikationen anpassen müsse. Daß das Chinin und das Opium nicht in allen Fällen wirken, sei aber schon lange zur Genüge erwiesen.

Verzeichnis der Veröffentlichungen
von Georg Sticker.

Beschreibung eines Schädels mit veralteter traumatischer einseitiger Unterkieferluxation. Ein Beitrag zur Lehre von den mechanischen Formveränderungen der Knochen. Inaugural-Dissertation, Bonn 1884.

Über das Vorkommen von Tuberkelbacillen im Blute bei der akuten allgemeinen Miliartuberkulose. Zbl. klin. Med. 1885.

Untersuchungen über die Elimination des Jodes im Fieber. Berl. klin. Wschr. 1885.

Das Urethan als Hypnoticum. Dtsch. med. Wschr. 1885.

Zur hypnotischen Wirkung der Urethane, gemeinsam mit Curt Hübner. Dtsch. med. Wschr. 1886.

Über Wechselbeziehungen zwischen Sekreten und Exkreten des Organismus; gemeinsam mit Curt Hübner. Z. klin. Med. 12 (1886).

Hypersekretion und Hyperacidität des Magensaftes. Münch. med. Wschr. 1886.

Zur Therapie der Leukaemie. Münch. med. Wschr. 1886.

Über den Einfluß der Magensaftabsonderung auf den Chlorgehalt des Harns. Berl. klin. Wschr. 1887.

Beitrag zur Pathologie und Therapie der Leukaemie. Z. klin. Med. 14 (1887).

Die teleologische und morphologische Mechanik in den Anpassungen und Ausgleichungen bei pathologischen Zuständen. Münch. med. Wschr. 1887.

Magensonde und Magenpumpe. Berlin 1887.

Die Magensaftabsonderung beim Pyloruskrebs und die Methode ihrer Erforschung. Zbl. klin. Med. 1887.

Wechselbeziehungen zwischen Speichel und Magensaft. Volkmanns klin. Vorträge Nr. 297. Leipzig 1887.

Die Diagnostik der chemischen Funktion des Magens. Münch. med. Wschr. 1887.

Magensaftsekretion und Blutalkalescenz. Münch. med. Wschr. 1887.

Erweichungsherd im Pons Varoli. — Endocarditis verrucosa petrificans valvularum aortae. — Primäres Nierensarkom. Münch. med. Wschr. 1887.

Geschichtliche Erinnerungen an den Gebrauch der Quecksilberverbindungen als Heilmittel gegen die Wassersucht. Übersetzt nach A. Conradi. Dtsch. Medizinalztg 1888.

Die „Probemittagsmahlzeit" und das „Probefrühstück" als Grundlage für die Diagnostik der chemischen Funktion des Magens in der ärztlichen Praxis. Berl. klin. Wschr. 1888.

Die semiotische Bedeutung des Frédéricq-Thompson'schen Zahnfleischsaumes in der tuberkulösen Phthise. Münch. med. Wschr. 1888.

Therapeutische Mitteilungen. Münch. med. Wschr. 1888.

Die Bedeutung des Mundspeichels in physiologischen und pathologischen Zuständen. Berlin 1889.

Beitrag zur Diagnostik der tuberkulösen Lungenaffektionen und zur regionären Beeinflussung derselben. Zbl. klin. Med. 1891.

Die Lehre Hallers von der Rotation des Magens im Füllungszustande. Eine Rettung. Dtsch. Medizinalztg 1891.

Über die Abortivtherapie der Gallensteinkrankheiten. Dtsch. Medizinalztg 1891.

Über die Therapie insbesondere die Abortivtherapie der Gallensteinkrankheiten. Wien. klin. Wschr. 1891.

Über symptomatischen Antagonismus zwischen Morphium und Atropin. Zbl. klin. Med. 1892.

Die Behandlung der Lungenschwindsüchtigen. Würzburg 1893.

Todesfälle durch Pankreasapoplexie bei Fettleibigen. Dtsch. med. Wschr. 1894.

Arzneiliche Vergiftung vom Mastdarm oder von der Scheide aus. Münch. med. Wschr. 1895.

Historische Notizen über die Aufnahme von Arzneien und Giften vom Mastdarm und von der Scheide aus. Münch. med. Wschr. 1896.

Beiträge zur Hysterie; hysterischer Magenschmerz, hysterische Atmungsstörungen. Z. klin. Med. 30 (1896).

Über die diagnostische Verwerthung der Form und Vertheilung der Sensibilitätsstörungen. Münch. med. Wschr. 1896.

Atrophie und trockene Entzündung der Häute des Respirationsapparates; ihre Beziehung zur Syphilis. Metasyphilitische Xerose im Bereich der Atmungsorgane. Dtsch. Arch. klin. Med. 57 (1896).

Neue Beiträge zur Bedeutung der Mundverdauung. Münch. med. Wschr. 1896.

Ammoniak im Mageninhalt und im Speichel. Münch. med. Wschr. 1896.

Über den historischen Verlauf der Epidemieen, erörtert am Beispiel des Keuchhustens. Dtsch. Medizinalztg 1896.

Der Keuchhusten. Der Bostocksche Sommerkatarrh. In Nothnagels specieller Pathologie und Therapie. Wien 1896. 2. Aufl. 1911.

Über den galvanoskopischen Nachweis von Druckschwankungen im Capillarsystem beim Menschen. Sitzgsber. oberhess. Ges. Gießen 1897.

Über Versuche einer objektiven Darstellung von Sensibilitätsstörungen. Wien. klin. Rdsch. 1897.

Ein einfaches Verfahren, größere Mengen von Mundspeichel zu gewinnen. Münch. med. Wschr. 1897.

Mitteilungen über Lepra nach Erfahrungen in Indien und Aegypten. Münch. med. Wschr. 1897.

Bemerkungen über die Lepragefahr für Deutschland. Z. prakt. Ärzte 1897.

Thesen über die Pathogenese der Lepra. Leprakonferenz in Berlin 1897.

Reisemikroskop. Z. Mikrosk. 14 (1897).

Die internationale Leprakonferenz zu Berlin im October 1897. Bericht für die Münch. med. Wschr. 1897.

Über die Pest nach Erfahrungen in Bombay. Münch. med. Wschr. 1898.

Über die Ansteckungsgefahren in der Pest. Wien. klin. Rdsch. 1898.

Die Pest in Berichten der Laien und in Werken der Künstler. Janus (Leyde) 1898.

Ein Wort zu Rudolf Virchows Rede: Die Continuität des Lebens als Grundlage der modernen biologischen Anschauung. Z. prakt. Ärzte 1898.

Über den Primäraffekt der Acne, des Gesichtslupus, der Lepra und anderer Krankheiten der Lymphkapillaren. Wien. med. Presse 1898.

Aphorismen über Belebungsmittel und Stärkungsmittel. Z. prakt. Ärzte 1899.

Vergiftungen vom Mastdarm und von der Scheide aus. Arch. Kriminalanthrop. 1 (1899).

Die neue Kinderseuche in der Umgebung von Gießen. Erythema infectiosum. Z. prakt. Ärzte 1899.

Eine Epidemie von acutem Erythem bei Kindern in der Umgebung von Gießen, Erythema infectiosum acutum. Inaugural-Dissertation von Emil Berberich. Gießen 1899.

Percussion. Eulenburgs Realencyclopaedie. 3. Aufl. 1899; 4. Aufl. 1911.

Sputum. Ebenda 1899; 4. Aufl. 1913.

Staubkrankheiten. Ebenda 1900; 4. Aufl. 1913.

Gesundheit und Erziehung. Eine Vorschule der Ehe. Gießen 1900; 2. Aufl. 1903.

Bericht über die Thätigkeit der zur Erforschung der Pest im Jahre 1897 nach Indien entsandten Kommission. Klinischer und anatomischer Theil. Arb. ksl. Gesd.amt 16 (1899).

Untersuchungen über die Lepra. Ebenda 1899.

Lungenblutungen, Lungenödem, Schimmelpilzkrankheiten der Lunge. In Nothnagels spezieller Pathologie und Therapie, Wien 1900.

Die Krankheiten der Lippen, der Mundhöhle und der Speiseröhre. In Ebsteins Handbuch der praktischen Medizin. 1900, 1905.

Die Gesundung des Volkes. Jb. Volksspiele 10 (1901).

Die Entwicklung der ärztlichen Kunst in der Behandlung der hitzigen Lungenentzündungen. Wien 1901.

Galvanoskopische Untersuchungen an Gesunden und Kranken. Congrès international d'Électrologie et de Radiologie médicales. Bern 1902.

Belehrung über die Pest für Ärzte. Amtliche Ausgabe, Berlin 26. Nov. 1902.

Tripperseuchen unter Kindern in Krankenhäusern und Bädern. Gerichtliches Gutachten. Vjschr. gerichtl. Med. 24 (1902).

Die Nachweisung des Broms in Harn und Speichel. Z. klin. Med. 45 (1902).

Die Diagnose der angeborenen Schwindsuchtsanlage. Münch. med. Wschr. 1902.

Zur Vorgeschichte der medizinischen Fakultät in Münster i. W. Dtsch. med. Wschr. 1903.

Tabes und Unfall. Ein Gutachten. Z. prakt. Ärzte. 1903.

Franz Riegel. Dtsch. Arch. klin. Med. 81 (1904).

Über den Ursprung und die Verbreitungsmittel der Pest. Hochland 1904.

Die Palpation des Abdomens im warmen Bade. Zbl. inn. Med. 1904.

Die klinische Diagnose der Pest. Z. ärztl. Fortbildg 1905.

Das Recht der Ärzte, zu töten. Hochland 1905.

Der Aberglaube in der Medizin. Hochland 1905.

Ärzte. Hochland 1905.

Aussatz oder Lepra. In Menses Handbuch der Tropenkrankheiten. Leipzig
    1905; 2. Aufl. 1914; 3. Aufl. 1924.

Die Pest. Im Handbuch der praktischen Medizin. 2. Aufl. 1906.

Irrungen des Geschlechtssinnes. Hochland 1906.

Akute aufsteigende Lähmungen. Die ärztliche Praxis. Berlin 1906.

Volkssagen als Quelle für die Seuchenlehre. Z. vgl. Lit.gesch., herausg. v.
    Wilhelm Wetz, 16 (1906).

Organabdrücke, ein Ersatz für Organschnitte. Zbl. Bakter. I Orig. 43 (1907).

Goethes Metamorphose der Pflanzen. Hochland 1908.

Allopathie, Arteriosclerose, Arzneiverordnung, Electrodiagnostik und Elec-
    trotherapie, Homoeopathie, Hypnotismus, Isopathie, Organotherapie,
    Serumtherapie, Sympathicus, Traubenkur usw. In Schnirers Encyclo-
    paedie der praktischen Medizin. Wien 1908.

Abhandlungen aus der Seuchengeschichte und Seuchenlehre. I. Band. Die
    Pest. 1. Die Geschichte der Pest. Gießen 1908. 2. Die Pest als Seuche
    und Plage, 1910. — II. Band. Die Cholera. 1912.

Über Schönleins Seuchenbibliothek. Verh. Ges. dtsch. Naturforsch. Kölner
    Tagung. 1908.

Die Bedeutung der Geschichte der Epidemien für die heutige Epidemiologie.
    Ebenda. Salzburger Tagung. 1909.

Über Naturheilkunst. Vier Reden. Gießen 1909.

Fragen zur Ätiologie der Lepra. Zweite internationale Leprakonferenz zu
    Bergen im September 1909. Mh. Dermat. 49 (1909). — Lepra, biblio-
    theca internationalis 11 (1910).

Die Erforschung der Seuchenerreger seit fünfzig Jahren. Kölnische Volks-
    zeitung 1910.

Parasitologie und Loimologie. Zur historischen Biologie der Krankheits-
    erreger, Materialien, Studien und Abhandlungen, herausg. v. Karl Sud-
    hoff und Georg Sticker. Gießen 1910.

Die Bedeutung der Epidemien für die heutige Epidemiologie. Ein Beitrag
    zur Beurteilung des Reichsseuchengesetzes. Ebenda, Gießen 1910.

Ulrich von Huttens Buch über die Franzosenseuche als heimlicher Canon
    für die Syphilistherapie im 16. Jahrhundert. Sudhoffs Arch. 3 (1910).

Staatliche Versuche zur Ausrottung der Tuberkulose. 82. Versammlg dtsch.
    Naturforsch. Königsberger Tagung 1910.

Naturheilkunst. Z. Baln. 2 (1910).

Zum Impfstreit. Berl. klin. Wschr. 1910.

Das Heufieber und verwandte Störungen. Klinik der Idiopathien. Wien 1912.

Wandlungen in der Typhusepidemiologie. Berl. klin. Wschr. 1911.

Zu dem Referat des Herrn Kißkalt in Berlin über Georg Stickers Pest-
    buch. Dtsch. Vjschr. öff. Gesdh.pfl. 43 (1911).

Die Pestgefahr. Frankf. zeitg. Brosch. 30 (1911).

Die Pest und die Cholera. Kölnische Volksztg 1911.

Zur Geschichte der Cholerabekämpfung. Klin. ther. Wschr. 1912.

Zur historischen Biologie des Erregers der pandemischen Influenza. Gießen 1912.

Über naturgemäße Ernährung. Hochland 1912.

Aussatzhäuser in Westfalen. 84. Versammlg dtsch. Naturforsch. Münster i. Westf. 1912.

Influenza. In Nothnagels spec. Path. u. Ther. Wien. 1912.

Infektionskrankheiten (als Unfälle). Lehrbuch der Arbeiterversicherungsmedizin. Leipzig 1913.

Planta noctis. Festschrift für Karl Sudhoff; Arch. Gesch. Math. usw. 6 (1913).

Die Ausgestaltung der Medizin in Deutschland während der letzten fünfundzwanzig Jahre. Offener Brief an den Kaiser. München 1913.

Über die Bedingungen, von denen die Entwicklung, die Ausbreitung und die Schwere der Epidemien abhängen. XVIIth International Congress of Medicine. London 1913.

Geleitwort zu Dr. Schöpplers „Geschichte der Pest in Regensburg". München 1914.

Hohenheim und die Anatomie. Sudhoffs Arch. 8 (1914).

Politische Brunnenvergiftung. Hochland 1914.

Typhus und Ruhr als Feld- und Lagerseuchen. Menses Arch. 19 (1915).

Dengue und andere endemischen Küstenfieber. Wien 1914.

Die geistigen Getränke im Frieden und im Kriege. Das heilige Feuer 3 (1915).

Geschlechtsleben und Fortpflanzung vom Standpunkt des Arztes. München-Gladbach 1916; 2. Aufl. 1917; 3. Aufl. 1919.

Erkältungskrankheiten und Kälteschäden. Berlin 1916.

Heilwirkungen der terpenhaltigen Öle und Harze. Wien 1917.

Muß Diphtherieserum angewandt werden? Gutachten. Bl. biol. Med. 7 (1919).

Seuchenhafte Genickstarre zu Ende des fünfzehnten Jahrhunderts. 86. Versammlung Deutscher Naturforscher und Ärzte in Bad Nauheim, 1920. Janus (Leyde) 1921.

Zur Geschichte des Bauchtyphus. Ebenda 1920. Janus (Leyde) 1921.

Lebenserinnerungen eines Arztes (Schleich). Hochland 1921.

Erinnerung an Franz von Leydig. Fortschr. Med. 1921.

Mittelamerikanische Krankheiten vor Columbus. 14. Tagung der Deutschen Gesellschaft für Geschichte der Medizin, Kissingen 1921. Janus (Leyde) 1922.

Tractatus de epidemia anni 1424 (scriptus anno 1431). Ebenda. Janus (Leyde) 1923.

Volkskrankheiten im alten Hellas und heutigen Griechenland. 15. Tagung der Deutschen Gesellschaft für Geschichte der Medizin. Leipzig 1921.

Nährpflanzen und Heilpflanzen in der Geschichte. Naturw. Wschr. 21 (1922).

Zur Geschichte der Schwindsucht. Münch. med. Wschr. 1922.

Sebastian Kneipp. Hochland 1922.

Poseidonios. Naturwiss. Wschr. 21 (1922).

Wert und Aufgabe der Medizingeschichte im Studium und Berufsleben des Arztes. Fortschr. Med. 1922.

Goethes Morphologie und Metamorphosenlehre. Fortschr. Med. 1922.

Hippokrates. Der Volkskrankheiten erstes und drittes Buch. Sudhoffs Klass. Med. 28 (1923).

Louis Pasteur. Die Hühnercholera. Sudhoffs Klass. Med. 30 (1923).

Anfänge und Ziel der ärztlichen Kunst in Deutschland. Reminiszenzen. Berlin 1923.

Lepra und Syphilis um das Jahr Tausend in Vorderasien. 16. Tagung der Deutschen Gesellschaft für Geschichte der Medizin in Bad Steben 1923. Janus (Leyde) 1924.

Ein deutscher Arzt am Hofe Nicolaus des Ersten von Rußland (Martin Mandt). Hochland 1923.

Tabak und Volksnot. Hochland 1924.

Vorgeschichtliche Versuche der Seuchenabwehr und Seuchenausrottung. Festschrift für Karl Sudhoff, herausg. von E. H. Sigerist. Zürich 1924.

Semmelweis. Z. Geburtsh. 87 (1924).

Die Fieberlehre des Galenos. 88. Versammlung Deutscher Naturforscher und Ärzte in Innsbruck 1924. Janus (Leyde) 1925.

Heilkräuter zur Zeit Karls des Großen. Janus (Leyde) 1924.

Krankheiten in Mittelamerika zur Zeit des Columbus. Janus (Leyde) 1924.

Älteste Gesetze gegen den Alkoholismus. Bl. Gesdh.fürs. 3 (1924).

Thomas Sydenham. Klin. Wschr. 3 (1924).

Pettenkoferbriefe; gemeinsam mit J. Fischer in Wien. Wien. klin. Wschr. 1924.

Mystik in der Heilkunst. 18. Tagung dtsch. Ges. Gesch. Med. 1925.

Jean Paul Friedrich Richters Verhältnis zur Heilkunde. Gedenkrede. 19. Tagung der Deutschen Gesellschaft für Geschichte der Medizin zu Bad Brückenau. Münch. med. Wschr. 1925.

Trinkfreiheit oder Rauschzwang? Hochland 23 (1925).

Ärztliche Wünsche. Jb. kathol. dtsch. Ver. für missionsärztliche Fürsorge. Würzburg 1926.

Friedrich Helfreich. Nachruf. Mitt. Gesch. Med. u. Naturwiss. 26 (1927).

Paracelsus. Klin. Wschr. 1926.

Zur Parasitologie um das Jahr 1700. Sudhoffs Arch. 18 (1926).

Zur Loimologie des Typhus abdominalis. Forschgn u. Fortschr. 2 (1926).

Die gutartigen kurzfristigen Fieberkrankheiten der warmen Länder. Menses Handb. Tropenkrankh. 1926.

Vorgeschichte der Lehre von Ansteckung und Übertragung der Krankheiten. Verhandlungen der Deutschen Gesellschaft für Geschichte der Medizin zu Düsseldorf 1926. Janus (Leyde) 1927.

Die Entwickelung der ärztlichen Kunst in Deutschland. München 1927.

Die Entwicklung der medizinischen Fakultät an der Universität in Würzburg. Würzburg 1927.

Eine Mitteilung über Schönlein. 20. Tagung dtsch. Ges. Gesch. Med. in Bad Homburg 1927.

Geschichte der spezifischen Therapie. Verh. dtsch. Ges. Gesch. Med. Hamburg 1928.

Fieber und Entzündung bei den Hippokratikern. Sudhoffs Arch. 20, 22, 23 (1928—1930).

Entwicklungsgeschichte der spezifischen Therapie. Janus (Leyde) 33 (1929).

Die Hexenverbrennung zu Würzburg im Jahre 1749. Gesch. des Klosters Oberzell. Würzburg 1928. — Die Medizinische Welt 1928.

Sekten in der Medizin. Vortrag in der Physikalisch-Medizinischen Gesellschaft zu Würzburg. Verh. der Ges. 52 (1928). — Dtsch. med. Wschr. 1928.

Wurmkrankheiten. Gemeinsam mit W. Schüffner und N. H. Swellengrebel. Menses Handb. Tropenkrankh. 1929.

Karl Pichler. Nachruf. Mitt. Gesch. Med. 28 (1929).

Ein Fall von Hautmaulwurf aus Guatemala. Verh. phys. med. Ges. Würzburg 53 (1929).

Beulenpestgänge in Ungarn. 22. Tagung dtsch. Ges. Gesch. Med. in Budapest 1929. Janus (Leyde) 34. 1930.

Bekämpfung der asiatischen Cholera vor hundert Jahren. Festrede am 5. Dezember 1929 in der Physikalisch-medizinischen Gesellschaft zu Würzburg. Verh. der Ges. 54 (1930).

usw.

Referate in folgenden Zeitschriften:

Centralblatt für Klinische Medizin seit 1885.

Deutsche Medizinalzeitung.

Münchener medizinische Wochenschrift.

Sudhoffs Mitteilungen zur Geschichte der Medizin und der Naturwissenschaften.

Dissertationen von Schülern in Gießen und in Würzburg.

Personen- und Ortsverzeichnis.

Universitätsvorlesungen von Georg Sticker.
(Fortsetzung von der 2. Umschlagseite.)

Sommer 1901   Klinische Propaedeutik. 2 stdg.
Diagnostik der Nervenkrankheiten. 1 stdg.
Allgemeine Therapie. 1 stdg.

Winter 1901/2   Klinische Propaedeutik. 2 stdg.
Hautkrankheiten und Geschlechtskrankheiten. 1 stdg.

Sommer 1902   Klinische Diagnostik. 2 stdg.
Nervenkrankheiten. 1 stdg.

Winter 1902/3   Klinische Diagnostik. 2 stdg.
Hautkrankheiten und Geschlechtskrankheiten. 1 stdg.

Sommer 1903   Klinische Propaedeutik. 2 stdg.
Diagnostik der Nervenkrankheiten. 1 stdg.

Winter 1903/4   Allgemeine Therapie. 2 stdg.
Haut- und Geschlechtskrankheiten. 1 stdg.

Sommer 1904   Medizinische Klinik. 6 stdg. (in Vertretung Riegels).
Klinische Propaedeutik. 2 stdg.
Therapeutische Übungen. 2 stdg.

Winter 1904/5   Medizinische Klinik. 6 stdg. (in Vertretung Riegels).
Haut- und Geschlechtskrankheiten. 1 stdg.

Sommer 1905   Klinische Propaedeutik. 2 stdg.
Allgemeine Therapie. 2 stdg.
Specielle Pathologie und Therapie der Zirkulations- und
Respirationsorgane. 2 stdg.

Westfälische Wilhelms-Universität in München.

Sommer 1921   Heilkunst und Naturwissenschaft. 1 stdg.

Julius-Maximilians-Universität in Würzburg.

Winter 1921/2   Einführung in die Geschichte der Medizin. 1 stdg.
Seuchenlehre auf geschichtlicher Grundlage. 2 stdg.

Sommer 1922   Geschichte der Volkskrankheiten. 1 stdg.
Volksmedizin und medizinische Sekten. 1 stdg.

Winter 1922/3   Einführung in die Geschichte und das Studium der Medizin. 1 stdg.
Die hippokratische Sammlung. 2 stdg.

Sommer 1923   Geschichte der Volkskrankheiten. 1 stdg.
Kolloquium über Volksarznei und Heilzauber bei Natur-
und Kulturvölkern, gemeinsam mit Prof. Dr. Sapper.
1 stdg.

Winter 1923/4   Einführung in die Geschichte und das Studium der Medizin. 1 stdg.
Entwickelung der ärztlichen Kunst in Deutschland. 1 stdg.

(Fortsetzung s. 4. Umschlagseite.)